Das Buch

»Beeilt euch, Gutes zu tun«, war die Devise des deutschen Arztes Friedrich Joseph Haass, der in der ersten Hälfte des vorigen Jahrhunderts in Moskau lebte und wirkte, wo man ihn später den »heiligen Doktor Fjodor Petrowitsch« nannte. Geboren wurde Haass 1780 in Münstereifel als Sohn eines Apothekers. Er studierte in Köln, Jena und Wien Medizin und kam 1806 im Gefolge einer russischen Fürstin nach Moskau. Hier avancierte er sehr bald, seiner medizinischen Erfolge wegen, zum Arzt des Adels, wurde Stadtphysikus, Hofrat und Leiter großer Krankenhäuser. Doch schon bald widmete Haass sein Leben, seine Kunst und sein Vermögen der Hilfe für die Ärmsten der Armen – die Gefangenen, Bettler und Leibeigenen. Trotz Anfeindungen und Verleumdungen kämpfte er unermüdlich gegen Unmenschlichkeit, Willkür und Bestechlichkeit. Mit großer Anteilnahme und unter Verwendung vieler Dokumente erzählt Lew Kopelew vom Leben und Wirken des »heiligen Doktors« und entwirft zugleich ein Zeitbild des damaligen Rußland.

Der Autor

Lew Kopelew, am 9. April 1912 in Kiew geboren, studierte in Moskau Germanistik. Nach Straflager und Rehabilitierung lehrte er in Moskau deutsche Literatur und Theaterwissenschaft, bis er 1981 von den Sowjetbehörden ausgebürgert wurde. Er lebt und lehrt heute in der Bundesrepublik. Auf deutsch erschienen u.a.: ›Aufbewahren für alle Zeit!‹ (1976), ›Und schuf mir einen Götzen‹ (1979), ›Tröste meine Trauer‹ (1981), die Heine-Biographie ›Ein Dichter kam vom Rhein‹ (1981), ›Kinder und Stiefkinder der Revolution‹ (1983), ›Worte werden Brücken‹ (1985), ›Der Wind weht, wo er will‹ (1988), ›Wir lebten in Moskau‹ (1987) und ›Zeitgenossen, Meister, Freunde‹ (1989; beide zusammen
Raissa Orlowa-Kopelew), ›Un

Lew Kopelew:
Der heilige Doktor Fjodor Petrowitsch
Die Geschichte des Friedrich Joseph Haass
Münstereifel 1780 – Moskau 1853

Aus dem Russischen von
Heddy Pross-Werth in Zusammenarbeit
mit dem Autor

Vorwort von Heinrich Böll

Deutscher
Taschenbuch
Verlag

dtv

Von Lew Kopelew
sind im Deutschen Taschenbuch Verlag erschienen:
Aufbewahren für alle Zeit! (1440)
Worte werden Brücken (11085)

Ungekürzte Ausgabe
Februar 1992
Deutscher Taschenbuch Verlag GmbH & Co. KG,
München

ISBN 3-455-03924-3
Umschlaggestaltung: Celestino Piatti
Umschlagabbildung: Michael Berwanger, München,
unter Verwendung einer Porträtbüste von
Friedrich Joseph Haass aus dem Stadtarchiv
von Bad Münstereifel
Gesamtherstellung: C. H. Beck'sche Buchdruckerei,
Nördlingen
Printed in Germany · ISBN 3-423-11510-6

Inhalt

Dem Andenken von
Lidija Wojdeslawer († 1927)
Frida Wigdorowa († 1965)
Sergej Maslow († 1982)

»Was kann schon ein einzelner Mensch erreichen, wenn seine Umgebung ihm widersteht?« So fragen skeptisch die klugen Praktiker und berufen sich auf den alten Spruch: »Allein und einsam kann niemand zu Felde ziehen.«

Haass entgegnet darauf entschieden, entgegnet mit seinem ganzen Wesen: »Nein! Auch einsam und allein kann man zu Felde ziehen!« Denn wenn es ein Feldzug für die Wahrheit war, werden um den Einsamen und um sein Andenken sich andere Menschen scharen; und es wird Wirklichkeit, was der Apostel sagt: »Alles vergeht, allein die Wahrheit bleibt.«

Anatolij Koni

Ein unbekannter Held
Vorwort von Heinrich Böll

Uns, die wir gewohnt sind, Heldentum nach der Anzahl der »Abschüsse« zu bemessen, wird hier von Lew Kopelew ein deutscher Held in glaubwürdiger Form vorgestellt, den wir vernachlässigt, vielleicht gar verdrängt haben. Ist dieser Wohltäter der Menschheit, den uns auch die Lexika verschweigen, bisher unterschlagen worden, weil er nur ein Wohltäter der Russen war, sogar ein Wohltäter russischer Häftlinge? Merkwürdig genug, daß er in Deutschland so wenig, fast gar nicht bekannt ist, wo es doch so wenige Deutsche gibt, die wir als Wohltäter der Menschheit vorzuzeigen haben.

Die Schwierigkeit, das Leben eines guten Menschen zu beschreiben, ist Verfassern und Lesern von Heiligengeschichten bekannt; sie geraten so leicht etwas flau; das Leben des landläufigen Helden zu schildern, ist leichter: sie bedienen sich rücksichtslos der Zeitgeschichte und deren Gegebenheiten, sie setzen ihr Leben aufs Spiel, aber auch das Leben derer, die die Zeitgeschichte ihnen entgegenstellt, eben jener, die es abzuschießen gilt.

Das Leben des Dr. Friedrich Joseph Haass ist von ganz anderer Art als das des landläufigen Helden. An Haass könnte man den Unterschied zwischen Gutmütigkeit (die in den meisten Fällen eine Komponente Faulheit hat) und Güte (die ruhelos ist und Tiefe voraussetzt) studieren; studieren könnte man an ihm auch, daß *Mitleiden* nicht das sentimentale Nebenprodukt von Caritas ist, als das sich Mitleid gelegentlich gebärdet. Er war ein frommer Mensch, gläubig, auch kirchengläubig, ein junger Katholik aus Münstereifel, den es über die Universitäten Köln, Jena, Wien nach Moskau verschlug, wo er Karriere zu machen begann, ein Modearzt, später Amtsarzt, der immer auch ein Amtsarzt war und blieb. Er wurde Chefarzt eines renommierten Spitals, bekam seine Orden, wurde im Alter von einunddreißig Jahren Hofrat, war als Forscher wesentlich beteiligt an der Entdeckung der Heilquellen im kaukasischen Kislowodsk (wo hundert Jahre später Alexander Solschenizyn geboren wurde), wurde

Stadt-Arzt von Moskau, als solcher einer der ersten Europäer, der hartnäckig, unermüdlich in einem wahrhaft heldenhaften Kampf gegen den herrschenden Geist um eine Strafreform kämpfte.

Prompt wurde er der »outrierten Philanthropie« bezichtigt. Leidenschaftlich verwandte er sich dafür, die Transportbedingungen der Häftlinge zu verbessern, die in Ketten und dazu noch an Stangen aneinandergekettet in neun Monate dauernden Fußmärschen in Etappen nach Sibirien marschieren mußten. Haass fragte nicht nach Schuld, er sah die *Leidenden*, die sich unter unerträglichen Umständen im Sommer und Winter, aneinandergekettet, monatelang dahinschleppten: Mörder und Diebe, Zahllose, die im Gestrüpp von Vorschriften, bürokratischen Angeln und ungeklärten Rechtsfragen hängengeblieben waren, und wenn man ihm vorhielt, sie wären ja wohl alle schuldig, verwies er auf Christus, der ja auch unschuldig verurteilt, gefoltert und zu Tode gebracht worden sei. Bei seinen Kämpfen für Hafterleichterungen kam ihm ein uraltes, sehr russisches Empfinden für die Verurteilten und Leidenden entgegen, wie auch Dostojewskij es schildert und wie es auch noch den Opfern der Stalinschen Säuberungen entgegengebracht wurde, die Schilderungen der Jewgenija Ginsburg beweisen es. Das russische Volk war nie auf seiten der Schergen und Henker. So ist es nicht erstaunlich, kein Wunder, daß der Doktor Haass wie ein Heiliger verehrt wurde und noch immer verehrt wird. Täglich sind noch heute Blumen an seinem Grab in Moskau zu finden, und noch heute hängen an seinem Moskauer Grab Häftlingsketten, um deren Verbesserung er jahrzehntelang kämpfte.

Seine Erfolge waren nicht spektakulär, seine »actions« – die man ja von einem Helden erwartet – waren die unerbittlichen Kämpfe eines »outrierten Philanthropen«, für den jeder Leidende der leidende Christus war.

Kaum zu verstehen, daß er in Deutschland so wenig bekannt wurde, sein Ruhm nie in seine Heimat zurückdrang. Schämte man sich etwa dieses frommen Jungen aus Münstereifel?

Lew Kopelew ist es gelungen, diesen gütigen Menschen in seine Zeit zurückzuversetzen, ihn in und aus seiner Zeit heraus zu erklären, die geistigen und politischen Strömungen,

Gegner, Förderer und Freunde des Doktor Haass, den gesamten zeitgeschichtlichen Hintergrund sichtbar zu machen, ein außergewöhnliches Leben deutlich zu machen, darzustellen, worin das Heldentum des Doktor Haass bestand und welcher Art seine Heiligkeit war. Diesen »sonderbaren Heiligen«, dem eine Karriere als Mode- und Amtsarzt, Reichtum und gesellschaftlicher Glanz sicher gewesen wären – seine Hinterlassenschaft bestand aus Gerümpel. Wir, die wir gewohnt sind, Heldentum nach der Anzahl der Abschüsse zu bewerten, bekommen hier von Lew Kopelew, einem Russen, einen Deutschen vorgestellt, den wir vernachlässigt oder gar verdrängt haben.

Vorbemerkung des Autors

In diesem Buch werden Ereignisse erwähnt und beschrieben, die wirklich stattgefunden haben, und es werden Menschen geschildert, die wirklich gelebt haben. Alle zitierten Briefe, Bücher und sonstige Schriften (sie sind im Text durch kleineren Schriftgrad oder Kursiv-Setzung kenntlich gemacht) sind authentisch. Gespräche und Reden sind dagegen meistens frei nacherzählt beziehungsweise »weitergedachte« Zeugenberichte.

Auf der Straße nach Wladimir

Ein Dorf – nahe bei Moskau – an der Straße nach Wladimir. Mit Holzabfällen gedeckte Hütten. Dunkelgraue Balkenwände. Die Fenster mit Rindsblasen bespannt, kaum Glasscheiben. Hinter Bretter- und Flechtzäunen kärgliche Gärtchen. Auf der Anhöhe mit dem Holzkirchlein dichteres Grün.

Die glatte, festgestampfte, kaum staubende, graubraune, trockene Straße entlang bewegt sich eine unordentliche Marschkolonne – vier Leute in einer Reihe: graue Kittel, graue Mützen ohne Schirm. Sie gehen langsam. Und klirren, mal lauter, mal dumpf-hastig. Gefangene in Hand- und Fußfesseln ziehen dahin.

Voran ein berittener Offizier im Wachstuch-Tschako. Er reitet im Schritt. An den Seiten Soldaten in dunklen Mänteln; weiße Schulterriemen überkreuz, sie tragen lange Gewehre mit aufgepflanztem Bajonett.

Hinter dem Zug zockelt ein Dutzend Karren. Sie sind mit Quersäcken, Bündeln und Koffern beladen. Obendrauf hocken alte Männer und ein paar Frauen, die längliche, in buntscheckige Decken gehüllte Rollen in den Armen haben. Ab und zu klingt daraus klägliches Greinen auf.

Ein Mädchen in blauem Leinensarafan geht auf einen Begleitsoldaten mit borstigem Schnauz- und Backenbart zu, trippelt neben ihm her:

»Herr Korporal, erlauben Sie, den Unglücklichen Almosen zu geben?«

»Na so was! Hast du denn keine Angst? Das sind doch Diebe, Räuber, Mörder!«

»Wenn auch, die gehen ja in Ketten. Und Sie haben ja ein Füsil, was soll ich mich da fürchten?«

»Na, denn los, kecke Geiß. Der da vorn, der Lange mit dem scheckigen Bart, das ist denen ihr Starost. Dem gib's.«

»Vergelt's Ihnen Gott, Herr Korporal.«

Sie läuft zu einem hochgewachsenen Sträfling hinüber, der gleichmäßig und gemessen ausschreitet; seine Ketten klirren kaum.

»Nimm, Väterchen, um Christi willen.«

Sie streckt ihm ein Säckchen mit Brot und ein paar Münzen entgegen.

Unter der tief in die Stirn gezogenen Mütze hervor trifft sie ein rascher, dunkler Blick.

»Danke, meine Schöne, Gott gebe dir einen guten Bräutigam.«

Aus den ungleichmäßigen grauen Reihen klingen hie und da Stimmen auf:

»Gott schütze dich, Jüngferchen.«

»Danke, liebes Mädchen.«

»Oha, Schätzchen-Frätzchen, komm doch mit mir! In Sibirien da werden wir heiraten, werd' dich in Zobelpelze kleiden.«

Der Offizier wendet sich um und hebt drohend die Nagaika.

Der neben dem Zug gehende Unteroffizier schreit:

»Ru-he! Ab-tei-lung Achtung! Aufschließen! Mund halten! Beim Gehen keinen Lärm machen!«

Ein dürres Bürschchen, das neben dem Starost geht, dreht sich nach dem Mädchen um, das am Straßenrand stehengeblieben ist. Der Junge stolpert; die Kette rasselt.

»Schau nicht zurück, Kleiner. Was hinter uns liegt, ist nichts mehr für uns. Guck nach vorn ... stolperst dann nicht.«

»Schwer ist das, Onkel. Bin's noch nicht gewöhnt, im Geschirr zu gehen.«

»Ach du, solltest dich freuen, daß du neue Ketten hast. Haass-Ketten. Früher, die alten Ketten waren kürzer und schwerer. Damals war man wirklich wie zusammengeschnürt – hatte bloß eine Elle Spielraum.* Und die Hand- und Fußschellen: nacktes Eisen. Aber jetzt! Siehst ja, sind mit Sackleinwand ausgepolstert. Das hat er sich alles ausgedacht, dieser Fjodor Petrowitsch. Mit Generälen und Senatoren hat er herumgezankt, ist bis zum Zaren höchstpersönlich gegangen. Hat um Erleichterung für uns gefleht.«

»Was für'n Petrowitsch? Wer ist das? Etwa dieser Doktor, der neulich die Musterung für die Verschickung gemacht hat?«

* Die Fußschellen waren in früherer Zeit an eine sehr kurze, am Leibriemen befestigte Kette geschmiedet, die richtiges Ausschreiten verhinderte. Erst die längeren und leichteren Haass-Ketten gaben dem Gefesselten einen seinem Wuchs und Körperbau angemesseneren Bewegungsspielraum.

»Ja, eben derselbe.«

»Freundlich war der, das stimmt. Nur spricht er so komisch. Zu mir hat er gesagt: ›Du bist ein lieber Bub. Wenn du willst glücklich sein, hilf anderen Menschen.‹ Er hat mir auch befohlen, ich soll lesen lernen, hat mir ein göttliches Büchlein gegeben, hat noch gesagt: ›Lieber Bub, ist nötig, gut sein.‹ Wunderlicher Herr!«

»Nicht wunderlich. Ein echtes Wunder. Ein gottgerechter Mensch.«

Der Starost spricht, ohne den Kopf zu drehen, in heiserem Flüsterton, aber deutlich genug, daß auch andere ihn hören können.

»Ich sage dir die reine Wahrheit. Durch ganz Rußland bin ich gekommen. Nach Sibirien gehe ich schon zum dritten Mal. Aber Fjodor Petrowitsch, den gibt's nur ein einziges Mal auf der ganzen Welt; er ist der Wohltäter für alle Unglücklichen.«

»Hab ich nicht gewußt, jammerschade; hätt' ihn mir sonst besser angeguckt.«

»Kannst ihn dir angucken, wenn du ihn wiedersiehst. Er kommt ja noch zur Halb-Etappe, verabschiedet uns. Halb-Etappe, auch die hat er sich ausgedacht. Früher, da hat man uns von den Sperlingsbergen gleich durch bis zur Etappe Bogorodskoje getrieben. Wer so weite Wege nicht gewöhnt ist, den wirft's um, den tragen die Füße nicht mehr. Und von den Fesseln sind die Knöchel ganz wundgerieben. Aber jetzt gibt's auf halbem Wege die Zwischenstation Rogoshsk. Da kann man verschnaufen, kriegt auch zu essen. Und Almosen bringt man uns da auch noch hin.«

Ein Hof hinter einem hohen Bretterzaun. Eine langgestreckte Baracke mit breiten Fenstern. Drinnen gibt es große Zellen, gescheuerte Dielen, weißgekalkte Wände, Holzpritschen mit Strohschütten.

»Und wo ist der Kübel?«

»Gibt's hier nicht. Da, guck, draußen im Hof die Bude da mit den weißen Brettern, das ist die Latrine. Ganz hochherrschaftlich, nennt man hier Retirade. Die hat auch Fjodor Petrowitsch erfunden. Überhaupt die ganze Ordnung hier hat er eingeführt, hat befohlen, daß Sauberkeit ... Na, was hab ich gesagt? Da ist er ja schon.«

Soldaten öffnen das Tor. Eine klapprige Droschke rollt in den Hof. Der Kutscher in schäbigem Kaftan lenkt zwei kümmerliche, altersschwache Klepper. Hinter ihm sitzt, bis zum Gürtel von einer abgewetzten Lederdecke bedeckt, ein breitgesichtiger alter Mann mit kurzem Haar. Seine großen, stark vorgewölbten, leuchtend blauen Kinderaugen schauen aufmerksam in die Runde. Er nickt nach links und nach rechts, lüftet in Erwiderung der Verneigungen und Verbeugungen seine Tuchmütze mit dem Lederschirm. Dann schlägt er das Wagenleder zurück, unter dem Körbe und Schachteln aufgehäuft liegen, und steigt behende – keineswegs greisenhaft – aus der Droschke.

»Komm mal her, lieber Knabe, und du da, Bruder, auch! Holt die Körbe und Kästen aus dem Wagen und bringt sie mir nach. Wir haben was zum Schmausen mitgebracht. Wo ist der Starost? Ah, guten Tag, guten Tag, Bruder, bist ja ein alter Bekannter. Sag mir erst mal, wer ganz besonders erschöpft ist. Keiner weint? Keiner jammert? Oh, das ist gut.«

Und wieder wird das Tor geöffnet. In den Hof rollt diesmal eine mit vier wohlgenährten Rappen bespannte Kutsche. Der beleibte Kutscher in blauem Cazaquin fährt an der Droschke von Fjodor Petrowitsch vorbei, zieht die Zügel an, brüllt: »Brrrr-rr!«

Zwei junge Burschen in blauen Halbröcken springen vom hinteren Wagentritt, klappen das Treppchen herunter und öffnen den Schlag. Eine mittelgroße, ziemlich magere Frau in dunklem Kapuzenmantel und in dunkler, mit einem schwarzen Schal bedeckter Haube klettert aus der Kutsche.

»Guten Tag, Fjodor Petrowitsch, guten Tag, Väterchen. Schon wieder warst du schneller als ich, bist mir zuvorgekommen. Mein Seliger sagte ganz richtig, daß du ein Zauberwort kennst und, wenn du nur willst, in einem einzigen Augenblick ganz Moskau durchquerst.«

»Guten Tag, liebe Agafja Filippowna. Ich bin sehr froh, das Vergnügen zu haben, Ihnen, Madame, hier zu begegnen. Bin von Herzen froh. Denn ich wollte Ihnen schon lange berichten, welch große Freude Ihre milden Gaben bedeuten, Freude für alle, für die Kranken im Gefängnishospital und für die armen Knaben, die Lehrlinge. Alle segnen Sie mit ganzer Seele.«

»Hör auf, hör auf, Väterchen. Du hast uns ganz und gar

nicht zu preisen. Mein Seliger ist in deinen Spuren gewandelt, und mir hat er geboten, es ihm gleichzutun. Wir sind nur deine Gehilfen.

Wie viele Unglückselige hat man heute hergetrieben? Ich habe zweihundert Semmeln mitgebracht. Jeder soll eine bekommen, die Frauen mit Kindern aber mehr, und für die Soldaten sollte auch noch was abfallen. Und dann nimm das hier, verteil es.«

Agafja Filippowna zieht ein Beutelchen heraus, in dem Papiergeld raschelt und Münzen klappern.

»Es wird so ungefährt ein halbhundert Rubel sein.«

»Allerinnigsten Dank, Madame. Möge die gebende Hand nie leer werden.«

Agafja Filippownas Diener schleppen inzwischen Bündel mit großen Semmeln, Körbe mit Möhren, Rüben, Gurken und Tüten aus Ölpapier in den Korridor.

Der Starost und sein junger Helfer verteilen die Gaben auf die Zellen.

Im Männerraum sitzt an einem kleinen Tisch am Fenster ein alter Mönch. Vor sich hat er eine Schachtel mit Geldscheinen und kleine Säckchen mit Münzen. Die Häftlinge tauschen bei ihm ihre Scheine gegen Silber- und Kupfermünzen. Ihnen steht ein Weg von mehreren tausend Werst bevor, durch Dörfer und kleine Städte. Für eine Kopeke kann man ausreichend Brot für einen Tag kaufen, ein Drei-Kopeken-Stück reicht für Milch und ein Ei. Aber kein Bauer nimmt Papiergeld. Er weiß nicht mal, was es wert ist.

»Vater Warssonofij, lieber Bruder, haben Sie die Güte, diese Almosen von Agafja Filippowna, Madame Rachmanowa, entgegenzunehmen. Zählen Sie, wie viele Allerärmste heute hier sind und dividieren Sie, das heißt rechnen Sie aus, wieviel jeder bekommen kann.«

»Gut, Fjodor Petrowitsch, ich weiß schon, ich weiß ... Guten Tag, Mütterchen Filippowna. Das Schärflein der Witwe ist Gott dem Herrn wohlgefällig. Und ich werde für dich beten, daß dir das Himmelreich zuteil werde.«

Der Starost mit dem scheckigen Bart überschreit in kräftigem Bariton das Rumoren, den Stimmenlärm, das Rasseln und Klirren der Ketten und psalmodiert:

»Laßt uns danken, Brüder, danken unsern Wohltätern für ihr Erbarmen und ihre guten Gaben.«

Aus den vielstimmigen Dankesrufen entsteht allmählich Gesang. Die hohen Stimmen im Frauenraum führen, die Männer fallen ein:

»Rette Herr, Deine Kinder ... Und schütze ihre Habe.«

Agafja Filippowna, der Mönch, die Kutscher und die Soldaten im Hof bekreuzigen sich. Fjodor Petrowitsch, die Mütze in der Hand, steht mit gesenktem Kopf und summt leise:

»Herr, erlöse uns, Herr, erbarme dich unser ...«

Der junge Sträfling, der dem Starost bei der Verteilung der Geschenke geholfen hat, steckt die von Vater Warssonofij erhaltenen Münzen in die Tasche seiner weiten, aus grobem Stoff gefertigten Hose.

»Onkel, hör, Onkel! Diese Dame, was ist denn das für eine?«

»Eine Kaufmannsfrau. Steinreiche Witwe. In Moskau, in Samoskworetschje hat sie – n-nein, kein Haus, einen Palast hat sie und große Lagerhäuser, und auf der Wolga fahren ihre Schiffe. Altgläubige sind sie. Ihr Mann war ein gestrenger Schriftkenner. Und dazu ein starrsinniger Alter. Als ich mich vor zwölf Jahren zum ersten Mal nach Sibirien schleppte, hab ich ihn im Verschickungsgefängnis getroffen. Sogar an die Kette hatte man ihn gelegt, denn die Popen hatten ihn angezeigt, klagten, daß er ihnen immer in die Quere käme. Er war schon ein schwacher Greis, hatte viel gefastet. Wurde krank. Und da kam dann Fjodor Petrowitsch. Den dauern alle Kranken; nach ihrem Glauben fragt er nicht. Er selber hat auch nicht unseren Glauben, sondern den lateinischen. Aber er pflegt und kuriert alle, hat mit allen Mitleid. Wir sind ja alle Menschen von Adam her. Und der Erlöser hat das Kreuz für alle Erdenkinder auf sich genommen.

Fjodor Petrowitsch hat diesen Kaufmann gesund gepflegt, und dann hat er angefangen zu bitten und zu flehen, daß man den alten Mann doch nicht so peinigen soll, ihn nicht nach Sibirien jagen darf. Den Gouverneur hat er gebeten und den Metropoliten, ist bis zum Zaren gegangen. Und er hat es erreicht. Der Kaufmann wurde freigelassen. Seine ganze Familie wußte vor lauter Dankbarkeit gar nicht, was sie dem

Fürsprecher alles zu Liebe tun sollte. Sie wollten ihm Geld geben – viele Tausender und noch manches andere. Er aber nahm nichts. ›Ich‹, sagte er, ›brauche nichts. Gebt lieber den Notleidenden in den Kerkern, den Sträflingen, den Deportierten, den Zuchthäuslern, ihren Frauen und Kindern, die in Kälte und Hunger darben; denen sollt ihr opfern.‹ – ›Und‹, sagte er, ›opfert nicht einmal oder zweimal – zu Weihnachten und zu Ostern –, wie es üblich ist und wie es sich gehört, sondern opfert jedesmal, wenn ein Trupp nach Sibirien getrieben wird, damit sie unterwegs einen Trost haben.‹

Und dieser Kaufmann begriff ihn, hatte ja selber im Kerker geschmachtet. Er gehorchte Fjodor Petrowitsch. Und als er zum Sterben kam, befahl er seiner Frau, eben dieser Filippowna, daß sie immerfort Almosen geben soll, Brot und Geld. Siehst du, und das tut sie auch.«

»Gott möge es ihr vergelten. Dreißig Kopeken habe ich gekriegt. Ist auch eine heilige Seele, eine Gerechte. Ich werde für sie beten.«

»Deine Gebete braucht die nicht. So eine gerechte und gute Frau kennt Gott auch ohne dich. Aber mit Fjodor Petrowitsch kannst du sie noch lange nicht vergleichen. Da ist sie wie die Kohlmeise vor dem lichten Falken. Milde Gaben spenden viele Leute, nicht sie allein: Herrschaften und Kaufleute, Kleinbürger und Bauern. Sie spenden an den Feiertagen mal Brot, mal ein Ei oder Kopeken. Na ja, die Kaufleute, das ist wohl wahr, die geben sich mehr Mühe als die übrigen. Bei ihnen ist die Gottesfurcht größer als bei den Herrschaften und bei den Bauern. Und außerdem will der Kaufmann auch noch so was wie'n gutes Geschäft machen – mit dem Erlöser und mit der allerreinsten Jungfrau Gottesmutter und mit dem Herrgott selber. Was für'n Geschäft, fragst du? Etwa so eins, wie sie's untereinander machen, der eine ehrlich, der andere listig. Also ungefähr so: Ich weihe dir eine pudschwere Kerze, hilf du mir dafür in meinen Angelegenheiten. Ich lasse dir eine Ikone mit goldenen Beschlägen machen, und du heile meine Gebresten. Ich baue dir eine steinerne Kirche, und du verzeih mir meine Todsünde. So ein Kaufmann verhandelt mit Gott, denkt, daß er sich dafür im Himmelreich ein warmes Plätzchen erkaufen kann. Dafür bestellt er Gebete, dafür spendet er Almosen. Gibt eine Kopeke und erwartet Seligkeit für einen Rubel. Nein, ich spreche nicht von Agafja Filippowna, sie ist wirklich eine gute Frau mit reinem Herzen. Aber du, denk dir das mal aus: sie gibt tausend Rubel für Almosen, und hunderttausend bleiben ihr noch. Und jeden Monat werden es mehr. Geld zieht Geld nach sich.

Fjodor Petrowitsch dagegen, bei ihm ist das ganz anders. Vor zwanzig Jahren war er ein reicher Herr, hatte in Moskau an der Schmiedebrücke ein steinernes Haus, und vor Moskau, da besaß er ein ganzes Dorf mit hundert Seelen. In der Karosse fuhr er, vierspännig mit Schimmeln weiß wie Schnee. Ganz Moskau bestaunte ihn. Und das alles, weil dieser Doktor ein Wundertäter ist. Alle Krankheiten kuriert er; während der Cholera hat er viele tausend Menschen vom Tode errettet.

Den Orden im Knopfloch, den hat ihm der Zar selber verliehen, noch unser verewigter Alexander der Gesegnete. Der Generalgouverneur, der Fürst Golizyn, war der allerbeste Freund von Fjodor Petrowitsch. Und heute hast du gesehen, in was für einer klapprigen Droschke er jetzt fährt. Was für Schindmähren ihn kutschieren. Seit zehn Jahren schon trägt er dieses selbe Fräckchen, die Strümpfe sind über und über gestopft ... Und warum das alles? Weil er alles, was er hatte, wegschenkte, und weil er alles, was er bekommt, verteilt. Gerade wie es in der Heiligen Schrift heißt – alles bis zum allerletzten Fädchen.«

I. Von Bad Münstereifel nach Moskau

Im Jahre 1806 kam im Gefolge der Fürstin Repnin ein junger deutscher Arzt nach Moskau. In Wien hatte er den Schwiegervater der jungen Fürstin von einem qualvollen Augenleiden geheilt, einem Leiden, das alle erfahrenen Ärzte als hoffnungslos bezeichnet hatten. Die Fürstin bat und überredete schließlich den jungen Augenarzt, sie nach Rußland zu begleiten.

Vor der Abreise aus Wien schrieb er an seinen Patenonkel in Köln:

Wien vom 17 Febr. 1806 nachts!

Theurester Oheim.

Alea jacta est – urtheilen nun sie, was zu erwarten – Morgen früh um 7 verlasse ich Wien, und reise mit der Fürstin Repnin als ihr Leibarzt nach St. Petersburg. Soll ich was gutes in diesem Schritte ahnden, so würde auch am meisten dazu beistimmen, diese gantz unerwartete, nicht einmal bestimmt gewünschte Gelegenheit zu einer Zeit, wo mich eine gantz unerklärbare und unausstehliche Unruhe von Wien wegtrieb.

Meine Unlust für Wien, welche ich immer hatte, wurde seit meinem Typhus, von dem ich vor 5 Wochen genesen, zu einem ängstlichen Gefühle in dieser Stadt, ich fand, daß ich wegmußte und wäre bald zur Russischen Armee als Regiments Arzt gekommen. (hiervon ein anderesmal) ...

... Die Fürstin ist eine sehr liebenswürdige Dame von ohngefähr 26 Jahren. Sie ist eine Nicee des russischen Bottschafters Gr. Rosoumoffsky, und im 9^{ber} ihren Gemahl, welcher Commendant der K. Garde ist, zur Armée gefolgt. Der Fürst wurde bey Austerlitz verwundet und gefangen. Jetzt ist er schon wieder in Petersburg und wird von dort gleich zur Gräntze zurückkehren, um seine Gattin zu empfangen.

Wir werden in ziemlicher Eil bey abscheulichen Wegen über Lemberg, Brody, Willna und vermuthlich über Moscau gehen.

Da sie in der Abschrift des Contracts die Bedingnisse haben, so glaube ich schon alles über diese Sache einsweilen gesagt zu haben. Etwas, was ich schon längst hätte thuen sollen, muß ich jetzt nachholen, aber ich thue es ernstlich, mein lieber Oheim, und bitte sie, meine liebe Eltern und Geschwister, sehr um Vergebung, daß ich so lange nichts mehr von mir wissen ließ. Daß ich von meiner Krankheit genesen sey, dorften sie wohl schließen.

Von meiner übrigen Lage konte ich ihnen nichts sagen, weil ich alle Augenblicke ihrer Entscheidung entgegen sah. Jetzt lassen Sie uns das Alle vergessen. Ich freue mich unendlich von einen puncte, wo ich noch der Unterstützung von meiner Familie bedürfte, auf einmal dahin gekommen zu seyn, wo ich für ihre willfährige Aufopferungen auf eine Art werde dankbar seyn können, wie ich es zu seyn wünschte.

Meine neue equippirung hat mir diesen Zeitpunkt nun etwas zurückgesetzt. Die verschiedenen Ausgaben, welche ich jetzt für Instrumente (einen ziemlich vollständigen Apparat von Chirurg. accomlement und Augeninstrumenten) Leinwand, Kleider und Bücher ausgebracht, belauffen sich auf 900 Wiener Gulden. Auf die Reise behalte ich noch 1000 fl. ...

... Lassen Sie mich nun schliessen, mein lieber Oheim, ich gehe weit von Ihnen weg, es ist wahr, doch müssen wir einmahl getrennt seyn, so ist jede Entfernung gleichgültig. Sie denken eben so leicht nach Petersburg, als nach Münstereifel. Lieb, so lieb wie man sie nur immer haben kann, habe ich sie alle. Daß Sie dieses von mir wissen und glauben ist mir genug. Ich weiß das Nemliche von Ihnen. Theilen Sie meinen Eltern diese Nachricht mit, ich hoffe, daß es sie alle freuen wird. Von der Reise werde ich an sie schreiben, von Wien aus auch die versprochene Briefe nachkommen werden. Ich grüsse und küsse auch alle recht herzlich und empfange mit Inbrunst euren liebenden Kuss zurück. Gott erhalte mir die frohe Gesundheit, die ich mitnehme, und Ihr werdet euch lange freuen eures
Fritz.

Anstellungsvertrag zwischen der Fürstin Repnin und Doktor Friedrich Haass*:

Kraft dieses Schreibens, welches an die Stelle eines formellen Contractes tritt, wird folgendes fixiert und bestätigt zwischen Ihrer Durchlaucht Frau Fürstin Repnin einerseits und Herrn Haass, Doctor der Medizin, andererseits.

I. Herr Doctor Haass verpflichtet sich, die Sorge für die ärztliche Betreuung Ihrer Durchlaucht Fürstin Repnin, ihrer gesamten Familie, ebenso ihrer Domestiquen als Arzt zu übernehmen und zwar nicht nur in der Stadt St. Petersburg, sondern desgleichen auf dem Lande und überall dort, wo sich Ihre Durchlaucht befinden werden. Er verspricht und verpflichtet sich, diesen Dienst für vier Jahre zu leisten, der mit dem 1. Februar 1806 beginnen und am 31. Januar 1810 enden wird.

II. Als Entgelt verspricht und verpflichtet sich Ihre Durchlaucht die Fürstin, Herrn Doctor Haass, sei es in St. Petersburg oder außerhalb, Unterkunft, Nahrung, Licht und einen Diener zu stellen und ihm ein jährliches Salär von 2000 Rubeln zu gewähren.

III. Des weiteren verpflichtet sich Ihre Durchlaucht, Herrn Doctor Haass bei Ablauf der vier Jahre 200 Dukaten zu zahlen, und für den Fall, daß Ihre Durchlaucht oder Herr Doctor Haass den Contract nicht erneuern wollen, sollen diese 200 Dukaten Herrn Doctor Haass für die Heimreise dienen oder für irgendwelche anderen Zwecke.

* Original in französischer Sprache.

IV. Herr Doctor Haass wird außerdem seinen ärztlichen Beruf in St. Petersburg ausüben können, ebenso überall dort, wo Ihre Durchlaucht sich befinden werden.

Für die Richtigkeit dieses Contractes sind für die anwesenden Contractanten zwei Originale angefertigt und von diesen unterzeichnet worden.

Gegeben zu Wien, am 3. Februar 1806
gez. Fürstin Repnin geborene Comtesse Rosoumoffsky
Doctor Friedrich Haass.

Fürstin Repnin verweilte mit ihrem Gefolge längere Zeit in Moskau. Als sie nach Petersburg zurückkehrte, entband sie Haass von dem in Wien geschlossenen Vertrag. Der junge Arzt ließ sich in Moskau nieder.[1]

Verwandte und Freunde der Fürstin erzählten gern von dem sonderbaren deutschen Doktor:

»Dieser noch junge Mann – Friedrich Joseph Haass – stammt aus dem Rheinland und hat an mehreren Universitäten studiert. Er war der beste Studiosus der berühmten Professoren Himly und Schmidt, eben jenes Schmidt, der so manchem Blinden das Augenlicht wiedergegeben hat. Friedrich Haass wurde ebenfalls ein kundiger Augenarzt. Er ist ein echter Gelehrter, in vielen Disziplinen bewandert. Die lateinische und die griechische Sprache beherrscht er nicht minder als die deutsche. In den Gegenständen Mathematik, Astronomie und Physik nahm er immer den ersten Platz ein. In Philosophie und Theologie kann ihn kein gelehrter Mönch überbieten. Er ist in der Heiligen Schrift außerordentlich bewandert und kennt die Evangelien auswendig; in Gottesfurcht und Sittsamkeit ist er unübertroffen. Er trinkt nicht, spielt nicht – weder Karten noch Würfel – und sagt niemandem ein böses Wort. Dabei ist er kein Frömmler, rühmt sich seiner guten Taten nicht, urteilt nicht über fremde Sünden. Im Gegenteil, er nimmt jede Gelegenheit wahr, über andere Menschen Gutes und Lobenswertes zu sagen. Er ist liebenswürdig und höflich, nicht auf eigenen Vorteil bedacht. Vor Höherstehenden und Mächtigen ist er niemals unterwürfig, zu einfachen Leuten und zu Bediensteten ist er immer milde und nachsichtig.«

Es vergingen keine zwei Jahre, bis man den Doktor Fjodor Petrowitsch – wie die Moskauer ihn nannten – in Adelshäusern ebensogut kannte wie in den bescheidensten Wohnungen, in den reichen Villen ebenso wie in den ärmlichsten Hütten. Auf der Straße war er schon von weitem kenntlich. Sehr groß, ein wenig gebeugt – fast zu jedem Gesprächspartner mußte er sich etwas niederbeugen –, trug er stets einen schwarzen Frack mit schneeweißem Spitzenjabot, Kniehosen, Seidenstrümpfe und Schnallenschuhe. In den ersten Jahren trug er noch eine Perücke mit Zöpfchen, später ließ er sich die Haare kurz schneiden ohne modischen Firlefanz.

Die hellblauen, vorgewölbten Augen schauten jedermann gerade ins Gesicht, aufmerksam und freundlich. Französisch sprach er fließend mit kaum wahrnehmbarem deutschem Akzent. Russisch lernte er mit Fleiß und großer Ausdauer.

Bei den »Kantonisten«[2] grassierte eine Augenkrankheit. Den Knaben schwollen, juckten und eiterten die Lider. Einige konnten kaum noch sehen, manche hatten auch Schüttelfrost. Weder die Militärärzte noch die Zivilärzte konnten helfen. Da hatte jemand den Einfall, Fjodor Petrowitsch Haass zu rufen. Der kam und verließ eine ganze Woche lang die Kadettenanstalt nicht mehr, wusch Augen aus, machte Bleiwasserumschläge, salbte, legte Kompressen an, sprach lange mit den verängstigten jungen Leuten, die fürchteten, blind zu werden. Er munterte sie auf, brachte sie zum Lachen. Alle Kranken wurden wieder gesund.

Haass hatte gehört, daß im Armenhaus viele hilflose, unheilbar kranke alte Frauen und Männer lägen, daß die Mittel fehlten, Medikamente zu kaufen. Daraufhin ging er wöchentlich mehrmals ins Armenhaus; die notwendigen Arzneien besorgte er auf eigene Kosten.

Als die Kaiserin-Witwe Marija Fjodorowna von diesem erstaunlichen Arzt erfuhr, bat sie ihren Sohn, den Zaren Alexander, ihm eine staatliche Anstellung zu geben. 1807 erhielt Fjodor Petrowitsch Haass auf Anordnung des Zaren die Bestallung zum Chefarzt des Kaiser-Paul-Krankenhauses.

1809 nahm Haass Urlaub, um in den Kaukasus zu reisen. Von dort heimkehrende Offiziere hatten berichtet, es gebe in den Vorgebirgen wunderwirkende Quellen, heiße und kalte. Die Bergbewohner behaupteten, daß die Wasser Wunden und Gebresten heilten, Schwächlinge in Recken verwandelten, Greise in Jünglinge.

Haass und sein Gehilfe, Apotheker Sobolew aus Konstantinogorsk, machten sich auf die Reise. In den befestigten Orten an den strategischen Straßen nach Georgien, in den ossetischen und tscherkessischen Gebieten, die erst jüngst dem russischen Imperium eingegliedert worden waren – überall nahmen die Offiziere, die Beamten und ihre Familien die gelehrten Reisenden mit herzlicher Gastfreundschaft auf.

Haass untersuchte mit seinem Helfer die bewaldeten Hänge der Berge Maschuk und Beschtau, die steinigen Ufer des Flüßchens Podkumok und die felsigen Ausläufer des Narsan. Im folgenden Jahr – 1810 – unternahmen beide Männer eine zweite Kaukasus-Reise. Haass entdeckte und untersuchte einige Mineralquellen – schwefelsaure, eisenhaltige und alkalische. Zu zweit trennten sie sorgfältig abgewogene Wasserportionen, wogen den Bodensatz. Alles, was sie nicht an Ort und Stelle untersuchen konnten, sandten sie in Reagenzgläsern an Moskauer Laboratorien. Viele Wochen hindurch erprobte Haass an sich selbst die Wirkung der heißen und kalten Quellen. Er trank das Wasser vor und nach den Mahlzeiten, beobachtete sein eigenes Befinden, seine Verdauung. Viele Male wiederholte er seine Versuche und überprüfte immer wieder seine Erfahrungen.

Sorgfältig und gründlich studierte er Gräser, Blumen, Sträucher und Bäume, legte Herbarien an, zeichnete, beschrieb. Er führte ein Wettertagebuch, vermerkte die Wolkenarten, die Windrichtungen, Temperaturschwankungen tags und nachts.

Er notierte alles, was er selbst beobachtet hatte, und sammelte weitere Angaben bei den aufgeklärten Naturliebhabern, die er unter Offizieren, Militärärzten und Beamten antraf.

Die entdeckten Quellen nannte Haass »Alexander-Wasser«. Auf Grund ihrer chemischen Zusammensetzung und seiner eigenen konkreten Erfahrungen riet er zu ihrer Anwendung bei Magen-, Leber-, Darm- und Nierenleiden und empfahl sie sogar gegen Melancholie und Kachexie.

Seine Berichte über Eigenschaften und Anwendungsweise der Heilwasser enthielten ärztliche Anleitungen, genaue Beschreibungen der Naturbedingungen und exakte Angaben über Wegeverhältnisse, Entfernungen zwischen den Poststationen, über Lebensweise, Sitten und Gebräuche der örtlichen Bevölkerung und über Nahrungsmittelpreise.

Von den Forschungsarbeiten dieses so ungemein gründlichen Arztes wurde auch Zar Alexander I. unterrichtet. Er ernannte Fjodor Petrowitsch daraufhin zum Hofrat und verlieh ihm den Wladimir-Orden vierter Klasse. (Auf diesen Orden war Haass sehr stolz. Zeitlebens trug er das weiße Ordenskreuzchen, wie die Vorschrift es verlangte, auf dem Revers seines Fracks.)

Als erstes hatte Haass seine Aufzeichnungen an die Akademie der Wissenschaften gesandt. Doch damit gab er sich nicht zufrieden und schrieb in französischer Sprache ein umfangreiches Werk ›Ma visite aux eaux d'Alexandre en 1809 et 1810‹ mit dem Motto: »Meine Krankheiten bewirkten diese Arbeit. Der Wunsch, die Krankheiten anderer Menschen zu heilen, führte zu ihrer Veröffentlichung.«

Die eingehenden Beschreibungen aller Entdeckungen, die Beobachtungen, die Untersuchungen, die Mitteilungen über die lokale Naturbeschaffenheit und die Wegeverhältnisse sowie die ärztlichen Ratschläge werden von Gedankengängen und Überlegungen begleitet, in denen sich die philosophischen Überzeugungen des Autors spiegeln:

Die Medizin ist die Königin der Wissenschaften. Nicht nur, weil das Leben, um das sie Sorge hat, den Menschen so reizend und lieb ist – es gibt Menschen, die ihre eigene Gesundheit höher als alle anderen Dinge in der Welt schätzen –, die Medizin ist deshalb die Königin, weil der Gegenstand ihrer Fürsorge die Gesundheit des Menschen ist, diese aber eine Voraussetzung darstellt, ohne welche auf Erden nichts Großes und nichts Gutes vollbracht werden kann; und weil das Leben als solches Quelle, Sinn und Ziel alles Irdischen ist; und schließlich weil das Leben, welches die Medizin erforscht, die Essenz aller übrigen Wissenschaften ist, denn sie alle sind Attribute, Emanationen und Reflexe des Lebens... Die Medizin ist auch die allerschwierigste Wissenschaft. Nicht wegen der unendlichen Zahl von Krankheiten, und nicht nur, weil sie sich so vieler Hilfswissenschaften bedienen muß, sondern weil die Elemente ihrer Probleme niemals exakt berechnet werden können, sondern immer nur approximativ taxiert werden müssen. Dazu aber gehört ärztliches Genie und das, was man praktisches Können nennt, eine der wertvollsten Qualitäten, die ein Mensch besitzen kann.

... Der Mensch denkt und handelt selten in veritabler Harmonie mit jenen Dingen, die seine Beschäftigung ausmachen. In der Regel wird er von einer Anzahl von Umständen determiniert, die er selbst nicht kennt, und von denen er nicht einmal vermutet, daß sie ihn in dem beeinflussen, was er sein eigenes Urteil und seinen eigenen freien Willen nennt. Diese von außen bewirkten Umstände könnte man Vorurteile nennen und dann die Conclusion ziehen, daß der Mensch generaliter in allem, was er tut und unternimmt, ein Spielball von Vorurteilen ist. Doch je weniger ein Mensch die Vielfalt und die Natur von Vorurteilen bezweifelt, desto vernünftiger wird er sich selbst verhalten und auch seine natürlichen Handlungen beurteilen. Andere Menschen werden allerdings gerade deswegen ihn für voreingenommen und eigensinnig erachten und seine Urteile verschroben finden. Zuzugeben, daß der Mensch in seinem Dichten und Trachten abhängig ist, ein Sklave dessen, was wir in summa die äußeren Umstände nennen, bedeutet keineswegs, auf die Beurteilung der Dinge selbst zu verzichten oder die absolute Freiheit des Willens zu leugnen, ohne die der Mensch – dieses schöne Gottesgeschöpf – nur ein bedauernswerter Automat wäre. Es bedeutet nur zuzugeben, wie rar unter den Leuten echte Menschen sind.

Die Abhängigkeit des Menschen von den äußeren Umständen zwingt zu nachsichtigem Verhalten seinen Schwächen und seinen Verirrungen gegenüber. Eine solche Nachsicht ist gewißlich nicht sehr schmeichelhaft für die Menschheit; doch es wäre ungerecht und grausam, wollte man die Menschen für diese Abhängigkeit schelten und schmähen. In manchen Fällen ist es dagegen oft durchaus nützlich, unsere Handlungen und Urteile eben als aus dieser Abhängigkeit von äußeren Umständen entspringend zu betrachten. Sind wir dazu in der Lage, werden Fehler unserer Nächsten nicht gleich Zorn in uns hervorrufen, ebensowenig wird eine uns überraschende Tugend uns sofort in Ekstase versetzen. Und man kann eingedenk dieser vorgenannten Abhängigkeit Naturbeschaffenheit und Ursache eines jeden Phänomens besser erkennen. (S. 9f.)

Die Entdeckungen des Doktor Haass hatten die Gründung der Kurorte Essentuki, Shelesnowodsk und Kislowodsk zur Folge. Mit seinen Arbeiten hatte er den Grundstein zum neuen Zweig der Heilkurmedizin gelegt.

Doch nur wenigen Spezialisten wurde dies bekannt. 1825 veröffentlichte Professor Alexander Neljubin (1785-1858) sein Buch ›Vollständige historische, medizinisch-topographische, physikalisch-chemische und ärztliche Beschreibung der kaukasischen Mineralwässer‹. Darin schreibt er:

Es sei mir gestattet, mit besonderer Hochachtung und Anerkennung auf die Arbeiten von Doktor Haass und Professor Reiß hinzuweisen... Vor allem haben wir Doktor Haass für die unsäglichen Mühen zu danken, die er auf sich genommen hat. Außer den Hauptquellen erforschte er noch zwei Schwefelquellen, die eine am Maschuk, die andere am Eisernen Berg Beschtau, die vor ihm noch niemand erkundet hatte ... Die Arbeiten von Doktor Haass gehören zweifellos zu den ersten und besten ihrer Art. (S. 18)

Dieses Lob bestätigte viele Jahre später Professor Rachmaninow in der ›Medizinischen Rundschau‹ vom Juni 1897.

Der Botaniker W. I. Lipskij bezieht sich in seinem Buch ›Die Flora des Kaukasus‹ (St. Petersburg 1899) besonders auf die *hervorragende Arbeit von Doktor Haass, der schlicht Fjodor Petrowitsch genannt wurde*, in der *zum ersten Mal in gebotener Vollständigkeit die Flora der kaukasischen Vorberge dargestellt wurde.* Lipskij merkt an: *Doktor Haass gebührt die Ehre, die berühmten Schwefelquellen von Essentuki entdeckt zu haben.* (S. 172)

Der Historiker M. A. Poliewktow aus Georgien (Tbilissi 1946) hat Haass' Arbeit gewürdigt,

der auf das gründlichste das gesamte Gebiet um Pjatigorsk untersuchte, an sich selbst die Wirkung der Wässer ausprobierte und sie klassifizierte. Sein Buch enthält einen sehr sorgfältig ausgearbeiteten naturhistorischen Abriß über die Mineralwässer ..., eine Theorie über die Entstehung von Mineralquellen ..., eine klimatologische Skizze ..., einen Bericht über die Methoden von Kurheilverfahren ..., praktische Ratschläge für die Kurgäste.

Poliewktow betont, *das Buch von F. Haass eröffnete eine ganze Serie von Beschreibungen dieser Wässer.*

Haass hatte seine konkreten Erfahrungen und Untersuchungen mit philosophischen und theologischen Spekulationen verbunden. Wahrheiten über Natur und Leben des Menschen, die er als Naturforscher und Arzt erkannt hatte, konnten seinen unerschütterlichen Glauben an Geist und Buchstaben der christkatholischen Lehre nicht ins Wanken bringen.

Als Student in Jena zu Beginn des Jahrhunderts war Haass ein eifriger Schüler Schellings gewesen, und noch vierzig Jahre später korrespondierte er von Moskau aus mit dem verehrten Lehrer.

Sein Medizinstudium hatte Haass vor allem bei dem berühmten Karl Gustav Himly (1772-1837) betrieben; als dieser von Jena nach Göttingen berufen wurde, folgte er ihm dorthin. Und Himly war es, der darauf bestand, daß dem inzwischen in Wien lebenden Friedrich Joseph Haass – allen Universitätsregeln zum Trotz – von der Universität Göttingen der Grad eines Doktors der Medizin verliehen wurde.

Auch der Geheimrat und Minister des Großherzogs von Weimar, Johann Wolfgang von Goethe, besuchte gelegentlich Professor Himlys Vorlesungen in Jena. Die Studenten verfolgten jede Bewegung Goethes und diskutierten in den Vorlesungspausen darüber. Die einen stritten sich, welchem der römischen Imperatoren er ähnlich sehe, die anderen behaupteten, er gleiche dem Ersten Konsul von Frankreich, dem General Bonaparte; wieder andere wollten nicht dulden, daß jemand wagte, diesen erhabenen Dichter und Gelehrten mit antiken Tyrannen oder gar mit dem korsischen Haudegen zu vergleichen.

Friedrich Haass mischte sich in derartige Dispute nicht ein. Stumm betrachtete er von ferne diesen Mann, den die gesamte gebildete Welt kannte, nicht nur die deutsche. Er betrachtete die hohe, helle Stirn, staunte darüber, daß die kurzen kastanienbraunen Haare keine Perücke bedeckte, obwohl dieser Mann kein Jüngling mehr war, die fünfzig schon überschritten hatte, Geheimrat, ja Minister war. Die ungewöhnlich großen, hellen, wie von innen leuchtenden Augen, die kräftige, wirklich klassisch gebogene Nase, die gut gezeichneten, fest aufeinanderliegenden Lippen, das kräftige, gerade Kinn – das war das Gesicht eines Genies.

Der junge Friedrich Haass erinnerte sich gut daran, wie seine Schwestern bei der Lektüre des ›Werther‹ geweint hatten. Sie mußten den Roman heimlich lesen. Die Eltern duldeten nicht, daß die gottlosen Werke dieses Freigeistes auch nur erwähnt wurden. Doch auch Friedrich las sie und vermochte bei Werthers letztem Brief die Tränen kaum zurückzuhalten. Nicht anders erging es ihm bei ›Götz‹ und bei ›Egmont‹ ... Eine mächtige, übermenschliche Gabe verkörperte sich in Goethes Worten. Doch wie viele sündhafte Verlockungen bargen sie auch! Der Dichter verherrlichte ja den Selbstmord, den Ehebruch, Fausts schwarze Magie – wie viele vermessene, lästerliche Gedanken kleidete er in wohlklingende, prächtige und daher um so verderblichere Worte!

Als habe er diese stummen Fragen gehört, wandte sich ein Student – offensichtlich ein Rebell und Libertin, die zottigen Haare hingen ihm bis auf die Schultern – seinem Nachbarn zu und sagte:

»Goethe ist in Wahrheit eine göttliche, übermenschliche

Macht. Geradezu übernatürlich. Wir alle sind Gottes Geschöpfe und daher sterblich, aber sein Werk ist ewig.«

Haass hätte am liebsten aufgeschrien: Und er, dieser Dichter, von wem wurde er erschaffen?! Sein wunderbares Werk ist doch nur deshalb unsterblich, weil es durch die unerschöpfliche, segenspendende Kraft des allewigen Schöpfers alles Sichtbaren und Unsichtbaren lebt.

Doch in diesem Augenblick endete die Pause, alle eilten ins Auditorium. Himly fuhr fort in seiner Vorlesung über die Einflüsse äußerer Umstände auf die körperliche Gesundheit und die Seelenverfassung des Menschen.

Am 23. November 1801 schrieb Goethe an seinen Freund Friedrich Heinrich Jacobi:

Seit Herr Himly in Jena ist bin ich einigemal drüben gewesen und habe ihn verschiedentlich gesehen. Er gefällt mir im ganzen recht wohl, auch habe ich verschiedenes von ihm gelesen, wo er mir auf guten Wegen zu sein scheint. Nur glaubte ich aus seinen Reden zu schließen, daß er einige Aversion für der Philosophie habe, welches ihm früher oder später zum Nachteil gereichen muß.

Haass kannte diese Äußerungen Goethes nicht, doch er selber bemühte sich schon damals in Jena und später in Göttingen, Wien und Moskau, Naturwissenschaften und Philosophie zu verbinden und die Lehren Himlys durch die Lehren Schellings zu vervollständigen. Während er erforschte, wie äußere Kräfte die Gesundheit des Menschen beeinflussen, wie ihr Verhalten, ihre Neigungen, ihre Gedanken durch die Umwelt mitbestimmt werden, glaubte er gleichzeitig, daß bei weitem nicht alles im menschlichen Leben äußeren Einflüssen und Einwirkungen unterliege. Ihn beglückten Schellings Worte in dessen ›Philosophische Untersuchungen über das Wesen der menschlichen Freiheit‹:

So werden die Gedanken wohl von der Seele erzeugt; aber der erzeugte Gedanke ist eine unabhängige Macht, für sich fortwirkend, ja, in der menschlichen Seele, so anwachsend, daß er seine eigne Mutter bezwingt und sich unterwirft.

Schelling trennte die Philosophie nicht von der Naturwissenschaft, er trennte auch das Wesen der menschlichen Freiheit nicht vom göttlichen Willen:

So wenig widerspricht sich Immanenz in Gott und Freiheit, daß gerade nur das Freie, und soweit es frei ist, in Gott ist, das Unfreie, und soweit es unfrei ist, nothwendig außer Gott.

Der Arzt und Philosoph Friedrich Haass verließ seine Heimat aus freien Stücken, um in ein unendlich fernes Land zu reisen. Und von Jahr zu Jahr wuchs seine Überzeugung, daß sein freier Wille, der ihn nach Moskau geführt und später veranlaßt hatte, dort zu bleiben, trotz aller äußeren Schwierigkeiten und mannigfacher Widrigkeiten dem Willen der göttlichen Vorsehung entsprach.

Doktor Haass gewann Moskau und seine Bewohner lieb, er verwurzelte regelrecht mit ihnen. Und nach einigen Jahren sprach und schrieb er fließend russisch.

Die Invasion der napoleonischen Armee erschütterte und empörte ihn, den zum Moskauer gewordenen Fjodor Petrowitsch, nicht minder als alle seine Freunde, Bekannten und Patienten. In schöner Selbstverständlichkeit stellte er sich dem so arg bedrängten Land zur Verfügung und wurde 1812 Militärarzt. Zwei Jahre diente er der russischen Armee, begleitete sie von Moskau bis Paris. Er verband Wunden, operierte, amputierte zerschmetterte Arme und Beine, heilte Quetschungen und Wunden, pflegte die Fieber- und Ruhrkranken. Er arbeitete in Feldlazaretten und in Bauernhütten, in Schlössern und in eilig zusammengezimmerten Baracken.

Und in seinen freien Stunden sprach er mit Offizieren und Soldaten über Gottes Werke und die Gesetze der Medizin.

Als der Krieg sich über die russische Grenze westwärts gewälzt hatte und durch die deutschen Länder nach Frankreich einbrach, half Doktor Haass den Quartiermachern, den Fourageuren und den von ihm betreuten Soldaten, sich mit den örtlichen Bewohnern zu verständigen.

Und dann war der Krieg zu Ende. Ohne Eile kehrten die russischen Armeen in die Heimat zurück. Kolonne nach Kolonne.

Der Oberstabsarzt Haass erhielt Urlaub und reiste an den Rhein nach Bad Münstereifel, in das Städtchen seiner Kindheit.

Wie winzig, wie überschaubar, still und gemütlich war es hier nach den unmäßig großen, lärmenden Hauptstädten Wien, Moskau, Berlin, Paris!

Zu Hause erwartete ihn Kummer. Sein Vater, der alte

Apotheker Peter Haass, konnte schon seit Wochen das Bett nicht mehr verlassen, von Tag zu Tag fiel ihm das Atmen schwerer. Auch die probatesten Mittel halfen nicht. Die ihm befreundeten Ärzte verschrieben nur noch beruhigende, schlafbringende Mittel. Peter Haass wußte, was das bedeutete.

Ihm wurde noch eine unverhoffte Freude zuteil – Fritz kehrte heim! Während der langen Jahre in der Fremde hatte er sich sehr verändert, war männlich geworden, breit in den Schultern. Die ganze Familie war stolz auf diesen berühmten russischen Arzt mit dem Ordenskreuz im Knopfloch.

»Willkommen, mein Junge. Gut, daß du da bist. Jetzt sterbe ich in Frieden. Du wirst mir die Augen zudrücken.«

Fritz küßte die große, weiße väterliche Hand mit den bräunlichen Fingerspitzen. Ein halbes Jahrhundert lang hatte sie Pulver gerieben, im Mörser Körner zerstoßen und zermahlen, Würzkräuter angebaut.

»Guten Tag, liebster Vater. Ich möchte Ihnen helfen, mit Gottes Hilfe wieder gesund zu werden. Mein Metier verstehe ich mittlerweile recht gut. Was nehmen Sie ein?«

»Setz dich. Hast du in Moskau auch nicht das Beten verlernt? Sag mir das ›Credo‹ und das ›Confiteor‹ ... Andere Medizinen brauche ich nicht.«

Wenige Tage später gab es auf dem alten Friedhof einen frischen Erdhügel, den Blumen bedeckten.

Brüder und Schwestern versuchten, Fritz zu überreden, nun doch endlich zu Hause zu bleiben, in Münstereifel eine Praxis zu eröffnen. Oder besser noch in Köln. Die Verwandten dort würden ihm von Herzen gern behilflich sein. Und eine Braut ließe sich dann auch finden. Es war ja längst Zeit, eine Familie zu gründen. Fritz war vierunddreißig Jahre – ein gestandener Mann.

Er hüllte sich in Schweigen. Nachts in seinem alten Dachkämmerchen mit der schrägen Decke konnte er nicht schlafen. Als die dicke Kerze heruntergebrannt war, lag er noch lange in der Dunkelheit wach. Dachte nach, erinnerte sich.

Hier war es still, friedlich, sauber und eng. Aber dort in Moskau – ausgebrannte Straßen, wüste Brandstätten, einsam aus Schutt aufragende Öfen, verkohlte Bäume und Sträucher, verrußte, fensterlose Häuser. Beizend bitterer Geruch der längst erkalteten Feuersbrunst. Und unzählige Obdachlose. Frauen und Kinder in Erdhütten, in elenden, aus Trümmern eilig zusammengenagelten Unterkünften. Wie viele Kranke, Entkräftete, hilflos Leidende gab es dort ...

Vor der Abreise betete Friedrich Haass am väterlichen Grab. Brüder und Neffen begleiteten ihn zur Poststation.

II. Friedrich Joseph Haass ist Fjodor Petrowitsch geworden

Moskau erstand neu. Auf den Straßen und Plätzen, in Gassen und Winkeln türmten sich Berge von Steinen, Ziegeln, Balken, Sand. Paläste und Villen entstanden, umrahmt vom Grün der Gärten und Parkanlagen, einfache Backsteinhäuser und schlichte Holzhütten wurden gebaut. Überall schimmerten gelbe Baugerüste. Von früh bis spät klopfte und hämmerte es allerorten; durch den vielstimmigen Lärm drang das Kreischen der Sägen.

Ausgebrannte Kirchen wurden restauriert, neue errichtet. Mit jedem Samstag und Sonntag wurde der Klang der Glokken immer kräftiger. Den ehernen Stimmen der Kremlglokken antworteten immer neue Klänge aus nahen und entfernten Straßen.

Ständig strömten neue Bewohner in die geschäftig lärmende Stadt. Sie kamen in Kutschen, in Diligencen, auf Karren, auf Bauernschlitten und zu Fuß – gruppenweise und einzeln.

Fjodor Petrowitsch wohnte anfänglich bei Bekannten, später kaufte er sich ein Häuschen, dann auch eine Droschke, ein Paar Pferde und zusammen mit den Pferden einen verwegenen Kutscher, schließlich noch einen Kammerdiener und einen Koch.

Es kamen viele Patienten, sie bezahlten seine Dienste großzügig. Arme Leute aber und die Alten im Armenhaus behandelte er kostenlos. Zu jeder Tages- und Nachtzeit folgte er jeglichem Hilferuf. Er heilte quälende Gebresten, Fieberkrankheiten, Koliken, Diarrhöe, Rheumatismus, eitrige Geschwüre. Wo er nicht heilen konnte, versuchte er, Schmerzen zu lindern, das Fieber zu dämpfen, mit einem guten Wort zu trösten; rechtzeitig bat er die Angehörigen, nach dem Geistlichen zu schicken.

Im Unterschied zu vielen anderen Ärzten tat Haass sich nicht wichtig. Er betrieb keine Geheimniskrämerei, vermied unverständliche lateinische und griechische Ausdrücke, verschrieb keine vertrackten Rezepte, die die Apotheker verwirrten und die Kranken ruinierten.

Statt dessen sprach er geduldig mit den Patienten, ihren Angehörigen und Dienern, erklärte ihnen genauso ernsthaft wie seinen Kollegen, was zu tun nötig sei, um gerade diese Krankheit zu heilen. Und jedem, der ihm zuhörte, setzte er seine Ansichten auseinander:

»Jeder Mensch empfängt von Gott Gesundheit, eine gesunde Natur. Und jeder Mensch muß auf vernünftige Weise um seine eigene Gesundheit besorgt sein, denn sie ist ein Geschenk des Höchsten. Woher dann aber die Krankheiten kommen? Sie haben verschiedene Ursachen: schlechte Nahrung, schlechte Getränke, schlechte Luft – große Kälte oder große Hitze –, Blessuren von Hieb- und Feuerwaffen, verschiedene unglückliche Zufälle, starke Unruhe oder starke Erschöpfung von Körper und Seele.

Man kann sagen: unsere Gesundheit stammt vom Himmel, von der göttlichen Vernunft. Unsere Krankheiten aber sind von der Erde, von der menschlichen Unvernunft. Darum muß man alle Krankheiten mit Vernunft kurieren, im Vertrauen auf Gott. Und man muß alles beachten, was die medizinische Wissenschaft befiehlt, alles, was die Erfahrung befiehlt; und man muß Liebe haben. Ein echter Arzt muß auch ein echter Christ sein. Er muß jeden Kranken lieben, nur dann wird er ihn aufmerksam untersuchen und seine Krankheit erkennen. Er wird sie nicht nur mit den Augen, den Ohren, der Nase und den Fingern erkennen, sondern durch seinen Geist und sein Herz. Und endlich muß er noch das Wissen davon haben, wie die Gesundheit wiederherzustellen ist. Die wichtigsten Arzneien für alle Krankheiten sind Ruhe und Reinlichkeit. Als erstes muß man dem Kranken ein gutes warmes Bad bereiten, alsdann ziehe man ihm saubere, warme Unterwäsche an und lege ihn in ein reinliches, warmes Bett und lasse ihn reine Luft atmen. Die Speisen müssen gut und sauber sein, doch verabreiche man ihm nur wenig, damit der Magen ruhig bleibt. Hat der Kranke sich erkältet, hustet er, läuft ihm die Nase, hat er Hitze im Kopf und Schmerzen im Hals und in der Brust, muß man ihn sehr warm zudecken, ihm nur warme Getränke geben: Honig, Himbeersaft. Auch ein Pulver gegen das Fieber wird ersprießlich sein. Steckt die Krankheit aber im Bauch, so ist ein warmes, reines Fontanell-Klistier zu setzen. Der Kranke darf nur sehr wenig und nur ganz leichte Speisen zu sich nehmen. Ruhe und ein sauberes Bett sind vonnöten. Auf den Bauch lege man ihm ein Säckchen mit heißem Sand, und wenn die Schmerzen sehr stark sind, kann man eine Mixtur oder ein Pülverchen verabfolgen.

Aber jede Arznei muß man vorsichtig dosieren. Der Doktor muß sich äußerster Sorgfalt befleißigen. Es gibt viele Fälle, in denen ein Kranker eine bestimmte Mixtur einnahm und gesund wurde, ein anderer Kranker, der dieselbe Krankheit hatte und dieselbe Mixtur einnahm, aber ärger erkrankte oder gar starb.

Mein seliger Vater war ein sehr guter Apotheker, mein seliger Großvater war ein sehr guter Arzt, rettete vielen Menschen das Leben. Sie beide haben mich gelehrt: Gib anfangs nur einfache, gute Arzneien, die niemals schaden können, nur Kamille, Honig, Kalomel, Rhabarber. Die künstlich zusammengesetzen Arzneien aber gib zögernd, gib sehr wenig und sehr vorsichtig.«

Die Moskauer Witzbolde verfaßten ein Liedchen:

Haass legt dich in dein Bettgestell
und hüllt dich rundum in Flanell,
setzt dir ein Fontanellklistier,
verordnet Kalomel.

In der Regel vertrauten die Patienten ihrem Fjodor Petrowitsch bedingungslos. Sie lobten ihn in allen Tonarten, erzählten von seinen erstaunlichen Heilerfolgen. Ihn priesen die vornehmen Damen nicht minder als die Kaufmannsfrauen. Vor allem verbreiteten die Verkünder städtischer Neuigkeiten seinen Ruhm: die Heiratsvermittlerinnen, die Schneider, die Barbiere und die Hausmeister.

Auch die im allgemeinen recht skeptischen gebildeten Herren sprachen mit hoher Anerkennung von dem Doktor: »Er ist ein Original. Ein Sonderling. Aber ein guter Kerl; versteht sein Handwerk perfekt, ist ein glänzender Arzt und der angenehmste Gesprächspartner.«

Im Herbst 1822 traf, aus Köln kommend, Wilhelmine Haass, Fjodor Petrowitschs älteste Schwester, in Moskau ein. Die Brüder und Schwestern machten sich Sorgen, waren beunruhigt, daß er, ein so geachteter Mann, noch immer keine Familie besaß, auch niemals etwas darüber schrieb, wie er eigentlich sein Leben einzurichten gedenke; überhaupt schrieb er wenig, selten und unverständlich. Klar war nur, daß er nicht in die Heimat zurückkehren würde.

Wilhelmine war häuslich, energisch, gesprächig und nicht gerade hübsch. Groß wie ihre Brüder, eckig und muskulös, konnte sie mit ihren vierzig Jahren nicht mehr auf einen Bräutigam hoffen. Von klein auf war sie daran gewöhnt gewesen, der Mutter bei der Betreuung der jüngeren Geschwister zu helfen. Niemand wußte, und es machte sich auch niemand Gedanken darüber, wie sie sich mit einem solchen Schicksal abgefunden hatte: Nonne ohne Kloster. Allen war es selbstverständlich, daß sie sich nur um andere sorgte, nur mit fremden Angelegenheiten und Nöten beschäftigt war.

Nun beschloß der Familienrat, sie solle zu Fritz fahren. Aus den Erzählungen von Landsleuten, die in Moskau gewesen waren, und auch aus Fritzens eigenen spärlichen Briefen ging hervor, daß er einfach nicht imstande war, sich ein honettes Hauswesen einzurichten. Dabei hätte er so bequem und behaglich leben können, mit einem Wort, würdig, seinen Verdiensten angemessen.

Erschöpft von der langen, beschwerlichen Reise durch fremdartige Gegenden, über endlose, schmutzige Straßen, durch Städte und Dörfer mit seltsam gekleideten Menschen, die sie nicht verstanden, nicht einmal, wenn sie französisch sprach, kam Wilhelmine in Moskau an. Der Bruder empfing sie voller Freude. Beide weinten gerührt, erinnerten sich der Vergangenheit.

Dann begann sie resolut, die Wohnung zu inspizieren, die Kleider- und Wäscheschränke, den Vorratsraum und die Küche. Die leibeigenen Bedienten, Kutscher und Lakai, und der gemietete Koch verstanden sie nicht, wenn sie auch noch so langsam und laut sprach, jedes Wort deutsch und französisch wiederholte. Die Bedienten sprachen ebenfalls laut, fast schrien sie. Dabei verbeugten sie sich oft und versuchten, ihre Hand zu küssen. Sie zuckte erschrocken zurück und wehrte ärgerlich ab. Fjodor Petrowitsch lachte und übersetzte. Er erklärte ihr, die russische Sprache habe überhaupt keine Ähnlichkeit mit der deutschen oder der französischen. Ihm selber fehle die Zeit, seine Leute andere Sprachen zu lehren, er halte das auch gar nicht für notwendig, im Gegenteil, sie müsse deren Sprache lernen und sich nicht über Menschen ärgern, die sie nicht verstehen könnten.

»Wir leben in einer russischen Stadt, essen russisches Brot, das wir der Arbeit russischer Bauern, Müller und Bäcker verdanken. Also sollten wir auch ihre Sprache lernen, damit wir ihnen in ihrer Sprache danken können.«

Am 6. Oktober (24. September) 1822 schrieb Wilhelmine Haass an den Bruder Jakob, dem sie zu seiner Vermählung gratulierte:

... Bruder Fritz hat sehr viel Freude an eurer Verbindung gehabt; er hält viel auf Dich, und hätte Dich gerne lange glücklich gesehen. Er hat versprochen Dir selbst zu schreiben. Leicht möglich, daß er verhindert werde, denn er hat viele Kranke, die ihn den ganzen Tag beschäftigen. Er ist recht wohl jetzt und behaglich durch meine Gesellschaft.

Er bedurfte meiner sehr. Ein trauriges Leben hat er bis heran gehabt. Kann ich ihm nun ein angenehmes bereiten, so denke ich, daß darum der Zweck meiner Reise besteht ...

Ich lebe hier angenehm, nichts geht mir ab, wenn ich Cölln ausschließe, und alles, wenn ich ihm nicht mehr zugehören sollte. Untreue ist bey mir etwas Verabscheuendes, ich werde sie nicht an meinem lieben Cölln ausüben. Fritz hat mir auch ja versprochen durch Correspondence euch ganz nahe zu bleiben; ich werde an nichts fehlen lassen, welches ich bey dieser Sendung Briefe hinlänglich schon zeige; darum habe ich alles geschrieben, was ich weiß. Langsam sehe und erfahre ich Neues, um so geprüfter ist es auch. Fritz hält mit dem Klaren und wahren. So sehr er die partie der Russen nimmt, muß er doch ihren Charakter haßen. Der Stolz, mißtrauisch, falsch und pretentine ist eine ihrer gehäßigen Eigenschaften. Daher zweifle ich, daß ich je mit ihnen befreundet werde ... Wilh. Haass

Die unfreundlichen Äußerungen über die Russen bezogen sich vor allem auf die Diener, mit denen sie sich hauptsächlich durch Gesten, Grimassen und Schreie verständigte. Wilhelmine bemerkte, wie die Bedienten Blicke tauschten, miteinander tuschelten, gar lachten, und sie war überzeugt, daß sie verspottet würde, daß man sich am Ende gar gegen sie verschworen hätte. Aber Fritz schmunzelte nur, hörte sich ihre Klagen an und redete ihr gut zu. Sie solle sich mehr Mühe geben, andere Leute zu verstehen, wenn die auch anders sprächen und dächten als sie, seien es deshalb doch keine schlechten, übelgesinnten Menschen.

Wilhelmine ärgerte sich über den Bruder und erzürnte sich über die Patienten und deren Diener, weil auch sie sich ihr nicht verständlich machen wollten. Doch manchmal, wenn nämlich irgendein junger Fant ihr auf französisch antwortete, der besser und fließender sprach als sie selbst, dann zürnte sie fast noch mehr. Denn natürlich sprach er absichtlich, ihr zum Tort, die Worte nach dieser widerwärtigen Pariser Geckenmanier aus; damals, als sie Köln erobert hatten, flanierten die Franzosen ja ständig durch die Stadt, Militärs und Zivilisten, überall in den Läden und auf den Märkten war ihr häßliches, schnarrendes Geplapper zu hören gewesen.

Aber Fritz erwiderte auf all ihre Vorwürfe, Klagen und Vorhaltungen stets nur freundlich, es sei nicht gut, abträglich über andere Menschen zu sprechen, die man nicht verstehe. Man könne über sie nicht urteilen, das sei unrecht und unchristlich.

Lange konnte sie dem Bruder nie böse sein; er tat ihr ja so leid. Der liebe Fritz dankte ihr für jedes Frühstück, jedes Mittagessen so überschwenglich und freute sich so über alle aus der Kindheit vertrauten Gerichte, die er so lange hatte entbehren müssen. Doch wieviel Mühe kostete es sie, den begriffsstutzigen Koch beiseite zu drängen und auf ihre Art zu kochen.

Gerne wollte Fritz ihr von seinen ärztlichen Angelegenheiten erzählen, und es bekümmerte ihn, daß sie nichts von Kranken, nichts von den schlimmen Zuständen in den Krankenhäusern hören mochte. Sie interessierte sich für die geschäftlichen Dinge, fragte nach Einnahmen, Ausgaben, neuen Käufen, denn Fjodor Petrowitsch war wohlhabend geworden.

Er war gerade in den oberen Schichten fast so etwas wie ein Mode-Arzt geworden. Die vornehmen und reichen Moskauer bezahlten seine Bemühungen verschwenderisch, machten ihm um die Wette Geschenke. Er kaufte sich ein steinernes Haus an einer der belebtesten Straßen, an der Schmiedebrücke. Sie verlief dort, wo früher die Brücke über ein Flüßchen geführt hatte, das schon vor einem halben Jahrhundert mit Balken und Pflastersteinen bedeckt und mit Erde zugeschüttet worden war. Auch eine bequeme, große Kutsche schaffte Fjodor Petrowitsch sich an, mit vier milchweißen Orjoler Trabern. Nahe bei Moskau kaufte er das Dorf Tischki mit hundert »Seelen« und einem Landgut, richtete eine Tuchfabrik ein. Die Leibeigenen befreite er sofort vom Frondienst, sie mußten nur den Grundzins zahlen, die jungen Leute sollten in der Fabrik arbeiten, ein Handwerk lernen.

Die benachbarten Gutsbesitzer und die Beamten des Kreises schmunzelten und erzählten allerhand Witze über den neuen Grundbesitzer.

»Haben Sie schon gehört? Unser Deutscher hat kürzlich sein Anwesen besucht. Der Verwalter lügt ihm schamlos ins Gesicht: Da und da ist Mißwuchs, dort hat der Hagel alles zerschlagen, das und das haben die Bauern gestohlen. Der Starost ist der schlimmste aller schlimmen Gauner, redet ihm nach dem Munde, spielt sich auf als der Ärmste der Armen, winselt über sein Elend, dabei ist er reicher als so mancher Moskauer Kaufmann.

Aber dieser glupschäugige Doktor glaubt einfach alles, bemitleidet alle. Er besucht die Hütten, fragt, wo Kranke sind, fängt an, die Alten und die Frauen zu lehren und zu unterweisen, ganz nach Popenart.

Unterwegs sieht er einmal einen heulenden Mushik auf der Landstraße. Der grämt sich mordsmäßig, weil ihm sein Klepper krepiert ist, auf dem Karren hockt ein Weib und jault, was das Zeug hält. Na ja, wenn's wenigstens sein eigener Mushik gewesen wäre! Aber der Kerl gehört in einen ganz anderen Kreis, dorthin war er eilig unterwegs, hat den Gaul zu Tode gehetzt. Aber der Doktor fragt nicht lange, befiehlt, von seinen berühmten Orjoler Schimmel-Vierern einen auszuspannen, schenkt ihn dem Mushik. Der wird fast verrückt vor Freude, will's gar nicht glauben, wirft sich auf die Knie, küßt dem Doktor die Stiefel. Aber er – rauf auf seine Kutsche und ab als Troika. Hat nicht mal gefragt, wem der Mushik gehört ... Hirnloser Verschwender der!«

Fjodor Petrowitsch selber aber hielt sich für einen tüchtigen, vernünftig wirtschaftenden Gutsbesitzer. Geduldig erklärte er dem Verwalter, dem Starost und den Bauern, warum es notwendig sei, die Hütten und die Viehhöfe sauber zu halten, warum sie Kartoffeln anbauen sollten. Viele betrachteten diese schwarzen Erdäpfel mit allergrößtem Mißtrauen. Die Alten schimpften sie »Teufelsdreck«.

Mit dem Bleistift notierte Haass auf ein Blatt Papier seine Berechnungen: was für das Gut und was für die Fabrik gebraucht würde, welche Einkünfte dem Gutsherrn und welche den Bauern zufließen sollten.

Er versuchte, den Bauern klarzumachen, wie wichtig es sei, Gärten anzulegen, Blumengärten, und befahl, ihnen vom Gut Setzlinge und Pflanzen zu geben. »Von einem Garten hat man Nutzen für die Gesundheit und auch Schönheit.«

Die Bauern hörten ehrerbietig zu, verneigten sich: »Wirklich, wie du sagst, so ist es, du unser Wohltäter, Ernährer und Erhalter. Wir, deine Knechte, werden für dich beten.« Doch unter sich redeten sie ganz anders, manche verständnislos, manche voller Mißtrauen:

»Ein wunderlicher Herr! Gar zu leutselig und freundschaftlich. Noch den schamlosesten Liederjahn läßt er nicht verdreschen, schimpft nicht mal. Redet ihm höchstens ins Gewissen, heult dabei beinahe selber.«

»Schwätzt albernes, ungereimtes Zeug, keiner kann begreifen, was er eigentlich will.«

»Der ist sowas wie 'ne falsche Schlange, hat ja den falschen Glauben. Verlocken, versprechen, zureden, das kann er, und danach wird er uns das Fell über die Ohren ziehen.«

»Nein, hinterlistig ist der nicht. Ist eben ein Unvernünftiger, ein Gottesnarr.«

»Mit diesem Herrn wird's nichts als lauter Ärger geben. Bei dem werden wir noch ohne Brot und ohne Hosen bleiben.«

Der Verwalter meldete Fjodor Petrowitsch, es sei ein Rekrutierungsbefehl eingetroffen. Das Dorf habe einen Rekruten zu stellen. Er und der Starost seien schon übereingekommen, den nichtsnutzigsten Kerl zu schicken; einen Faulpelz, Trunkenbold und Langfinger, der seine Mutter und seine Nachbarn bestehle. Man habe ihn schon auf alle mögliche Weise belehrt, ihn ausgepeitscht und bei Wasser und Brot in den Keller gesperrt, nichts half. Sollen ihn doch jetzt mal die Soldaten belehren.

»O nein, mein Bester! Das geht doch nicht! Das ist ein schlechtes Vorhaben, geht gegen das Gewissen und wäre sehr beschämend für uns. Der Rekrut tritt in den Dienst des Zaren. Die Uniform des russischen Imperators zu tragen ist eine hohe Ehre. Die russischen Soldaten haben die Große Armee Napoleons besiegt. Und Sie wollen aus meinem Dorf den schlechtesten Mushik – einen Dieb und Trunkenbold –

in das ruhmreiche Heer des Zaren schicken?! Das ist undenkbar! Eine Schande für uns. Unser bester junger Bauer muß geschickt werden, ein ehrlicher, kräftiger, reputierlicher Bursche, der Gott, das Vaterland und den Herrscher liebt.«

Der Verwalter entschuldigte sich unterwürfig, bekannte, er habe gesündigt, danke dem Herrn Doktor, daß er ihn zur Vernunft gebracht habe, und – schickte einen anderen, kaum besseren Burschen zu den Soldaten. Fjodor Petrowitsch ordnete an, dem Rekruten und seiner Familie Geld und Geschenke zu geben:

»Es ist sehr traurig, Abschied nehmen zu müssen. Als ich mein Vaterhaus verließ, haben Vater und Mutter auch geweint. Aber für diese Familie hier ist der Kummer noch viel größer. Und die Angst. Das Soldatenleben ist schwer und gefährlich. Man muß Mitleid haben, und man muß erklären, daß diese traurige Trennung zugleich eine hohe Ehre ist. Und eben darum muß man ihm Geschenke geben.«

Die Gerüchte über das absonderliche Verhalten und die seltsamen Ansichten Fjodor Petrowitschs drangen natürlich auch nach Moskau, zu Bekannten und Unbekannten. Die Jugend und viele Damen gerieten in helle Verzückung vor dieser schrankenlosen Güte. Besonnenere Leute tippten wohl auch mit dem Finger an die Stirn: »Übergeschnappt ist er, unser Doktor.« Andere warnten ihn, versuchten ihm verständlich zu machen, daß er zu gutgläubig sei, das dörfliche Leben überhaupt nicht kenne; bei den Bauern müsse man stets und bei allem mit Betrug und Spitzbüberei rechnen. Haass ließ sich nicht beirren:

»O nein, bester Herr, da kann ich Ihnen gewiß nicht beipflichten. Bei meinen Leuten, da gibt es ganz und gar keinen Betrug. Mein Verwalter ist ein verständiger, erfahrener Mann, und der Starost ist ein achtbarer Bauer, Vater einer vielköpfigen Familie. Was so ein Mensch spricht, das ist die reine Wahrheit, denn er schlägt ja das Kreuz. Und deshalb bin ich außerstande, ihm nicht zu glauben. Freilich, Erlaucht, ich weiß, daß es Spitzbuben und Betrüger gibt, die sich bekreuzigen und dabei gewissenlos lügen. So eine Lüge ist eine sehr große Sünde, und so ein Mensch ist ein sehr großer Sünder. Doch wenn ein Mensch etwas hoch und heilig versichert und dabei das Kreuzeszeichen macht, ich ihm aber nicht glaube, dann ist das auch meine Sünde, also sind es nun schon zwei Sünder. Das bedeutet, es gibt auf der Welt zwei Sünden mehr. Und wenn er die Wahrheit sagt, und ich glaube ihm nicht, dann ist meine Sünde doppelt groß, und wieder haben sich die Sünden in der Welt vermehrt. Aber wenn er lügt, und ich glaube ihm, und er sieht das, dann wird er sich vielleicht später schämen und bereuen ... Aber nein, Erlaucht, er braucht doch nicht zu mir zu kommen, um zu gestehen und zu bereuen. Es genügt doch, wenn er im stillen, in seiner Seele Gott seine Sünde bekennt. Dann ist die Sünde schon weniger schwer, dann wird er auch später weniger sündigen. Sehen Sie, verehrte Damen und Herren, so ist die Logik:

Wir haben vier Möglichkeiten. Erstens: Ein Mensch spricht die Wahrheit, aber ich glaube ihm nicht. Das ist meine Sünde – eine große zwiefache Sünde, denn ich gebe ein schlechtes Beispiel für ihn und für alle Menschen. Wem nicht geglaubt wird, der wird leicht dazu verführt, künftig selber die Unwahrheit zu sagen. Zweitens: Er lügt, und ich glaube ihm nicht. Das sind zwei Sünden, seine und meine, wie ich schon die Ehre hatte darzulegen. Die dritte Möglichkeit: Er sagt die Unwahrheit, aber ich glaube ihm. Das ist nur eine Sünde. Und es gibt Hoffnung auf Reue und Besserung. Die vierte Möglichkeit: Er sagt die Wahrheit, und ich glaube ihm. Ergo: überhaupt keine Sünde. Darum glaube ich den Menschen, und ich werde immer jedem glauben, der das Zeichen des Kreuzes macht.«

Die Einkünfte aus dem Gut und aus der Fabrik verringerten sich ständig. Der Verwalter und der Starost stahlen immer dreister. Der Doktor selbst aber brauchte immer mehr Geld, für die Einrichtung von Krankenhäusern und später für die Gefangenenhilfe. Der Verwalter schlug ihm vor, ein Stück Wald als Bauholz an einen reichen Kaufmann zu verkaufen. Haass willigte ein. Der Kaufmann versprach, in der nächsten, spätestens in der übernächsten Woche zu zahlen. Im Augenblick habe er nicht genügend Bargeld zur Verfügung. Was sollen zwischen ehrlichen Männern irgendwelche Wechselverschreibungen, Papierschmierereien? Ein Handschlag genügt. Der Kaufmann bekreuzigte sich und versprach, die Hälfte seiner Einnahmen von dem verkauften Holz dem Spittelheim und dem Armenkrankenhaus zu stiften. Fjodor Petrowitsch bot, dem Brauch entsprechend, dem Käufer und dem Verwalter Schnaps an und nippte auch selbst an einem Gläschen.

Geld bekam er keins, nicht nach einer Woche, nicht nach einem Monat, nicht nach einem halben Jahr. Auf Anmahnungen wich der Kaufmann zunächst nur aus: »Kein Bargeld verfügbar.« Aber nach einiger Zeit ließ er antworten: »Alles ist längst bezahlt, ich habe ja schon die Empfangsbescheinigung zurückbekommen.«

Diese Schamlosigkeit erschütterte Fjodor Petrowitsch derart, daß er sich beim Generalgouverneur beklagte. Fürst Golizyn ließ den Kaufmann kommen und machte ihm strenge Vorhaltungen. Der ließ sich jedoch nicht einschüchtern:

»Geruhen Euer Durchlaucht, sich nicht zu betrüben und nicht zu zürnen. Wohl wahr, es ist nicht schicklich, Ware zu nehmen und kein Geld zu geben. Nur, Euer Durchlaucht, überprüft man die Sache genau, dann ist sie nicht so einfach. Unsere Angelegenheiten werden ganz anders abgewickelt als Ihre adligen und herrschaftlichen. Bei Ihnen geht das so: Gib dein Wort und halt es. Hältst du's nicht, geht's auf Säbel und Pistolen. Bei uns geht das anders: Hauptsache – beweg dein Gehirn! Betrügst du nicht, verkaufst du nicht. Und vergiß nicht: Einfalt ist schlimmer als Diebstahl. Und dieser Doktor, Euer Durchlaucht, was ist das doch für ein Tölpel ... Ich weiß, ich weiß, Euer Durchlaucht, hab's vernommen, er soll ja so was wie ein Mann Gottes sein. Nur, was begnügt sich dieser dumme Deutsche dann nicht mit seinen Angelegenheiten – den göttlichen und ärztlichen, was treibt er sich in herrschaftlichen und in Handelsgeschäften herum? Und ein Gutsbesitzer, das ist er schon mal gar nicht, da lachen ja die Hühner! Die besten Kerle steckt er unter die Soldaten. Sein Dörfchen Tischki und die dortige Fabrik – so was muß man gesehen haben! Nichts als Armut und Elend. Bei ihm stehlen nur die Allerfaulsten nicht. Aber dieses Wäldchen da, das war nicht schlecht. Viertausend wäre ein guter Preis gewesen, na ja, wenigstens dreieinhalb. Aber ich gab dem Verwalter eine Kleinigkeit und kaufte um zweieinhalb. Und dieser unvernünftige Deutsche nahm nicht mal was Schriftliches: ›Aber bitte, ich bitte recht sehr!‹ Ein Narr ist dieser

Deutsche, Euer Durchlaucht, und die Narren, die prügelt man doch sogar in der Kirche. Jetzt jammert er und weint. Aber Moskau glaubt den Tränen nicht. Wo ist die Wechselverschreibung? Wo die Empfangsbescheinigung? Wo sind die Zeugen? Nirgends, nichts! Mir hat der Verwalter längst ein Stempelpapierchen unterschrieben, daß er nichts weiß, nichts von irgendwelchen Schulden meinerseits; und auch noch, daß der Herr nicht immer ganz bei Verstand ist. So ist das, Euer Durchlaucht! Wenn Ihr mit den Gesetzen kommen wollt, wie Ihr mir gedroht habt, so werdet Ihr in dieser Sache nichts erreichen. Denn Euer deutscher Wurstfresser kann überhaupt nicht das kleinste Recht gegen mich anführen. Vor keinem Gericht wird er Recht bekommen.

Aber freilich, wenn man nach dem Gewissen geht, dem göttlichen, dann sieht die Angelegenheit wieder anders aus. Dann, Euer Durchlaucht, die Sie unser Wohltäter und gnädiger Herr sind, und aus Hochachtung vor Ihnen ließe sich doch wohl etwas möglich machen. Dann könnte man auch zahlen. Wenn dieser Tölpel gelernt hat, klüger zu werden, dann zahle ich auch ... Nn-nein, Euer Durchlaucht, morgen wird es nicht gehen, habe kein Bargeld verfügbar, beim wahrhaftigen Kreuz. Sie wissen selbst, was für ein schlechtes Jahr wir haben. Ringsum Mißwuchs. Hier Dürre, da Hagelschlag. Gott sucht uns heim, unserer Sünden wegen. Ich habe selber Schulden bis zum Hals, und alles Bargeld ist in Umlauf. Aber ich verspreche, wie wir es vereinbaren werden: nicht später als zu ›Schutz und Fürbitte‹ bezahle ich ihm diese zweieinhalbtausend. Wenn ich auch weiß, daß er sie doch bloß verpulvert – für die armen Teufel, die Hungerleider, die im Krankenhaus krepieren, für die Zuchthäusler und Mörder, diese ganze Höllenbrut, verzeih mir Gott! ... Ja, gut, gut, Euer Durchlaucht, wie es gesagt ist, so wird's auch gemacht. Nur Ihretwegen, Euer Gnaden, nur Ihnen zuliebe.«

Der Kaufmann bezahlte weder zu »Schutz und Fürbitte« im Oktober noch nach einem Jahr. Damals war der Generalgouverneur erkrankt, und er begab sich zu einer Kur ins Ausland. Für Fjodor Petrowitsch mehrten sich die Sorgen. Das Dorf und die Fabrik mußten verkauft werden. Er sah schließlich ein, daß alle Versuche, den betrügerischen

Schuldner zum Zahlen zu veranlassen, vergeblich bleiben würden. Auf sein Gewissen war nicht zu hoffen.

Doch das alles geschah erst in den dreißiger Jahren.

Fürst Dmitrij Wassiljewitsch Golizyn war in der Ära Katharinas II. aufgewachsen. Als Knabe sah und hörte er, wie die Menschen seiner Umgebung auf die segenbringende Aufklärung hofften, wie sie die ruhmreichen Siege der russischen Heere priesen und all die neuen Eroberungen, die den Feldherren Rumjanzew, Orlow, Potjomkin, Suworow zu verdanken waren. Als Jüngling zeichnete er sich schon früh aus, war ein kühner Kavallerieoffizier, kommandierte in Preußen und bei Austerlitz ein Regiment, später kämpfte er gegen die Türken an der Donau und gegen die Schweden in Finnland.

1807, als nach dem Bündnis zwischen Napoleon und Zar Alexander I. lange Friedensjahre bevorzustehen schienen, nahm Golizyn Urlaub und studierte an den Universitäten Heidelberg und Jena Philosophie, Geschichte und Naturwissenschaften. Doch dann entbrannte der Krieg neu. Golizyn befehligte wieder ein Regiment, kämpfte in der Völkerschlacht bei Leipzig und dann auf französischem Boden in den letzten Schlachten gegen Napoleon.

Dem Fürsten stand jedoch der Sinn nicht nach Feldherrnmacht und Kommandeursallüren. Er haßte Intrigen und katzbuckelte vor niemandem. Bei Begegnungen mit dem Zaren und den Mitgliedern der kaiserlichen Familie verhielt er sich exakt nach der Etikette, ehrerbietig, doch ohne einen Schatten von Unterwürfigkeit. Nie verließ ihn seine ruhige Würde. Wo es darauf ankam, äußerte er offen seine Mißbilligung, beleidigte oder schmähte jedoch keinen Menschen. Zar Alexander schätzte den aufrechten Mann, der weder für sich noch für einen seiner Angehörigen jemals um Vergünstigungen oder Gnadenerweise bat, und ernannte ihn 1820 zum Generalgouverneur von Moskau.

Seit dem großen Brand in der Stadt waren noch keine acht Jahre vergangen. Ihrem Wiederaufbau widmete der neue Generalgouverneur seine ganze Tatkraft, seine Klugheit und seine Phantasie. Ganze Tage beriet er mit Architekten, Bauunternehmern, Pionier-Offizieren, mit Beamten, städtischen Grundbesitzern, mit dem Metropoliten und dessen Mitarbeitern, die den Bau von Kirchen und Klöstern leiteten, mit

Aristokraten, die um Darlehen nachsuchten, mit Kaufleuten, ortsansässigen wie auswärtigen, die in Moskau Fabriken und Handelsgeschäfte eröffnen wollten.

Bei all dieser Arbeitslast hielt Golizyn sein Haus immer offen für geladene und nicht geladene Gäste. Zum Diner und zum Souper traf man bei ihm hohe Petersburger Beamte, berühmte Ausländer, Gutsbesitzer aus fernen Gouvernements, Generäle, Universitätsprofessoren.

Fjodor Petrowitsch kam ebenfalls häufig in das Haus des Fürsten, als Hausarzt und als Freund der Familie. Auch in vielen anderen Moskauer Häusern war er ein willkommener Gast. Wie es seine Gewohnheit war, beobachtete er die Anwesenden aufmerksam und mit warmer Anteilnahme, hörte ihren Gesprächen und Diskussionen zu; fast alles erschien ihm interessant und ernsthafter Überlegung wert.

Da gab es skeptische alte Herren in gepuderten Perücken, die sich noch an Mütterchen Katharina erinnerten. Sie schnupften duftenden Tabak aus kostbaren Tabatièren, tranken hausgemachten Likör, erzählten Histörchen über die berühmten Feldherren – »Katharinas Adler« –, diskutierten sorgenvoll die große europäische Politik.

Ihre Söhne und erwachsenen Enkel trugen gern den Surtout oder die bequeme »Wengerka«. Sie rauchten lange Meerschaumpfeifen, tranken Champagner und Wodka. Ihre Gespräche drehten sich um Beförderungen in der Armee und in den Ministerien, um Ernteerträge, um den Tod Napoleons und Neuigkeiten aus dem Ausland – die Engländer, hieß es, sollten sich einen selbstlaufenden Wagen mit einem kochenden Wasserkessel ausgedacht haben, dessen Dampf die Räder bewege.

Die romantischen Jünglinge in bunten Fräcken und breitkrempigen Hüten, sogenannten Bolivars, tranken französischen und deutschen Wein, redeten enthusiastisch und gefühlvoll über Lord Byrons Heldentod im griechischen Freiheitskampf, stritten über Schauspieler und Balletteusen, über die neuesten Romane und Gedichte, zitierten Epigramme der beiden Puschkins – Onkel und Neffe.

Die Alt-Moskauer Aristokraten, umringt von ihrer großen Sippe und geschäftiger Dienerschaft, waren despotische Gastgeber, rührten sich viele Stunden lang nicht von der Tafel, tranken alles, was irgend alkoholisch war, beklagten die Zuchtlosigkeit der Jugend und den übermäßigen Einfluß der Deutschen in St. Petersburg, die Faulheit der Bauern, die Bestechlichkeit der Beamten, die Habgier der Kaufleute und ganz allgemein den Sittenverfall.

Ein ganz anderes Bild boten die Universitätsprofessoren und Studenten, die nach Petersburger Manier – also westeuropäisch – gebildeten jungen Kaufleute und Beamten, Schriftsteller, Verleger, Druckereibesitzer und die Mitglieder des philosophischen Zirkels »Liebhaber der Weisheit«[3]. Sie kleideten sich verschieden; die einen geckenhaft, die anderen bevorzugten den strengen Surtout, wieder andere trugen abgewetzte Fräcke, rauchten Pfeife oder unausstehlich riechende Zigarren, tranken billigen Wein und Wodka, aber am liebsten und hauptsächlich Bier. Sie trafen sich in herrschaftlichen Häusern, in ihren eigenen Zirkeln, in Kneipen, in Speisewirtschaften, in vollgerauchten Junggesellenhöhlen oder auch in adretten Bürgerwohnungen. Endlos diskutierten, glossierten, stritten sie, ereiferten sich über alles: Philosophie, Politik, Gedichte, Romane, wissenschaftliche Traktate, über städtische Ereignisse, über mondänen Klatsch, kurz über alles und jedes auf der Welt.

Die Damen der verschiedensten Schichten hatten Fjodor Petrowitsch ganz besonders gern zum Zuhörer und zum Gesprächspartner. Ihnen war es ein leidenschaftliches Bedürfnis, über die Krankheiten ihrer Angehörigen, über ärztliche Kunstfehler, über gelungene Heilungen zu sprechen. Und Fjodor Petrowitsch liebte es ungemein, die Damen ausführlich zu belehren:

»In einer guten Familie ist der Mann – Gatte und Vater – das politische Haupt, ist wie der Turm oder das Dach eines schönen Gebäudes. Die Frau – Gattin und Mutter – ist das tragende Fundament. Mann und Frau – das ist wie St. Petersburg und Moskau. Überlegen Sie doch einmal, meine Damen, warum wird von Mütterchen Rußland, Mütterchen Moskau, Mütterchen Wolga gesprochen, warum nennt man selbst die Stadt Kiew, bekanntermaßen masculinum generis, Mutter der russischen Städte? Nun, die Antwort liegt zweifelsfrei auf der Hand: weil ›Mutter‹ ein großes, ein heiliges Wort und dazu ein großes Phänomen ist. Die Mutter hat im Hause wie im Vaterland äußerst wichtige Aufgaben zu versehen. Ihr obliegt es, für die Aufzucht der Kinder zu sorgen, für die Gesundheit, für die Ernährung und für die Sauberkeit! Jawohl, meine allergnädigsten Damen, für die Sauberkeit in jedem Betracht. Es geht ja nicht nur um die Reinlichkeit des Körpers, der Speisen und der Wohnung, es geht ebenso um die seelische Reinheit – die Reinheit der Sitten, des Betragens und der Rede. Schmutzige Schimpfworte und Verleumdungen darf die Mutter nicht dulden. Dieses alles ist die große und edle Berufung jeder Frau, sei sie alt oder jung, reich oder arm, eine vornehme Herrin oder eine geringe Bauersfrau. Das ist die herrliche Pflicht der Frau vor Gott und der heiligen Jungfrau Maria; es ist heilige Wahrheit. Der Herrgott selbst gab davon erst unlängst ein Zeichen. Das verflossene Jahrhundert der Aufklärung und der Wissenschaft war zugleich jene Ära, in der Rußland zu einer Großmacht heranwuchs. Und wer waren die russischen Herrscher in jener Ära? Es waren Frauen. Nach Peter dem Großen wurde seine Witwe Katharina Zarin, ihr folgten Anna Iwanowna, Elisabeth Petrowna und schließlich Katharina II. Das ist ganz offenbar ein göttliches Zeichen für alle christlichen Staaten. Auch Österreich hatte damals eine große Kaiserin, nämlich Maria Theresia.

Muselmanen und Heiden haben schlechte Gesetze. Bei ihnen sind die Frauen Sklaven, haben keinerlei Rechte. Und die Juden haben sogar ein Gebet für Männer und Knaben, in dem gesprochen wird: ›Ich danke dir, Herr Gott, daß ich nicht als Weib geboren wurde.‹

Alle Christen aber haben die heilige Pflicht, jede Mutter, jede Ehefrau und jede Schwester zu lieben und zu achten. Ihr gehorsamster Diener, meine gnädigsten Damen, hatte die Ehre, in einem Buche darzulegen, daß die Medizin die Königin der Wissenschaften ist. Und ich bin immer bereit und willens nachzuweisen, daß die Medizin die wichtigste Wissenschaft für jede gute Frau ist.«

Das neue Jahr 1825 begann mit schweren Schneestürmen, und nach kurzem Tauwetter setzte im Februar wieder Frost ein. Die Kaufleute klagten; die Warenzufuhr war unterbrochen, weil die Straßen zugeschneit waren. In Moskau fehlte es schon an Mehl und Brot.

An einem dieser Februartage bat der Generalgouverneur Doktor Haass zu sich in seine Kanzlei:

»Mein liebster Fjodor Petrowitsch, schon des öfteren habe ich mit Ihnen einen gewissen Gegenstand erörtert. Jetzt aber kann ich nicht mehr erörtern, ich kann auch nicht mehr fragen und bitten, jetzt muß ich anordnen: Sie, Euer Wohlgeboren Hofrat und Ritter des Wladimir-Ordens, Doktor Friedrich Petrowitsch von Haass, werden die Güte haben, das Amt des Stadt-Physikus, des obersten Arztes unserer Stadt Moskau anzutreten! ... Nein, nein, liebster Freund, ich werde mir keine Einwände anhören. Und Ihre Bescheidenheit, die eher Stolz ist, ästimiere ich nicht. Ich befehle Ihnen, und ich bitte dich als meinen Freund, nicht zu widersprechen, dich nicht zu widersetzen. Ich mußte leider den bisherigen Stadt-Physikus fortjagen, weil ich fortwährend Anzeigen gegen ihn erhielt. Sie wirbelten nur so herein – wie die Blätter im Herbst von den Bäumen. Man zieh ihn der Bestechlichkeit, der Habgier, der Faulheit und Unwissenheit.

Mit der Medizin steht es bei uns noch schlecht, mein Bester, das weißt du. Überdies haben wir heuer einen sehr bösen Winter. Erkältungsfieber in jedem Haus, Alte und Junge kränkeln. Und wie sieht es in unseren Krankenhäusern und Hospitälern aus? Nicht zu beschreiben! Die gewissenhaften Ärzte und Arztgehilfen können sich vor Erschöpfung kaum noch auf den Beinen halten, brauchten selber Pflege und Erholung. Die übrigen aber vernachlässigen ihre Pflichten auf das erbärmlichste, rennen dorthin, wo man sie saftig bezahlt. Da braucht irgend so ein Bengel nur zu niesen, und schon schreien Mamachen und Papachen nach den allerbesten Ärzten. Und die verbringen dann Stunden am Bett eines Kindes, dem die Rute bekömmlicher wäre als alle Arzneimixturen und Kompressen. Und danach sitzen sie noch endlos zu Tisch. Inzwischen können Familienväter oder -mütter krank werden, Ernährer vieler Seelen, tüchtige Diener des Vaterlandes, Gelehrte. Und die müssen vergebens auf ärztliche Hilfe warten.

Bedenke, Fjodor Petrowitsch, in Moskau werden wir bald dreihunderttausend Einwohner haben. In Krankenhäusern und Hospitälern gibt es kaum mehr als zweieinhalbtausend Betten, und davon gehören eineinhalbtausend den Lazaretten. So bleiben für die gesamte Zivilbevölkerung nur tausend Betten übrig. Auch haben wir viel zu wenig Ärzte. Höchstens zweihundert in den Krankenhäusern, dazu noch etwa sechs Dutzend frei praktizierende wie Sie, mein ehrenwerter Freund; nun ja, man muß noch die Feldschere und Knocheneinrenker hinzuzählen. Darum also, teure Seele Fjodor Petrowitsch, berufe ich Sie, so wie die Römer in alter Zeit den Cincinnatus riefen – nimm die Zügel der Moskauer medizinischen Versorgung in deine guten Hände.«

Im März 1825 trat Fjodor Petrowitsch das Amt des Stadt-Physikus an. Vom frühen Morgen bis in den späten Abend weilte er nun in den Krankenhäusern, inspizierte Krankensäle, Verbandszimmer, Küchen, Vorratsräume und Magazine. Er war entsetzt, als er die Kranken nebeneinander auf fauligem Stroh mit jämmerlichen Fetzen zugedeckt auf dem Fußboden liegen fand, als er all den Schmutz und Unrat sah, die zerborstenen Fensterscheiben, die schadhaften, qualmenden Öfen, die unsäglich verschmutzten übelriechenden Aborte, die von Männern und Frauen gemeinsam benutzt werden mußten. Überall fehlte es an Betten, Wäsche, Verbandsmaterial, Medikamenten, Feuerholz und Nahrungsmitteln.

Haass vertröstete die gewissenhaften Ärzte und Feldschere, deren Lider von Schlaflosigkeit gerötet waren, die vor Erschöpfung taumelten; er schalt und ermahnte die Nachlässigen und Verzagenden, riet, erklärte ... und schrieb, schrieb, schrieb – Berichte, Beschwerden, Anträge, Gesuche, Kostenvoranschläge, Bittbriefe. Viele davon brachte er persönlich zu den jeweiligen Instanzen. Er rief zu Barmherzigkeit auf, flehte um Hilfe, um Geld, Kleidungsstücke, Nahrungsmittel.

In den ersten Tagen seiner Tätigkeit erkannte er, daß sein Amtsvorgänger zu Unrecht entlassen worden war. Man hatte ihn böswillig verleumdet, weil er – allzu ehrlich – die Übergriffe der gerissenen und die Faulheit der trägen Kollegen nicht decken wollte. Und andererseits hatte man gerade ihn beschuldigt, Habgier und Betrug nicht rigoros genug verfolgt zu haben.

Fjodor Petrowitsch meldete diesen Tatbestand sofort in ausführlichen Schriftsätzen dem Generalgouverneur und dem Ministerium und überwies sein Stadt-Physikusgehalt monatlich dem Vorgänger, einem nicht begüterten Arzt, dem unverdient der Lebensunterhalt entzogen worden war. Bei einigen Kollegen des rastlosen Doktors und sehr viel mehr noch bei den Beamten, denen die Verwaltung der Krankenhäuser unterstand, stieß sein Verhalten anfänglich auf spöttisches Unverständnis, bald aber auf gehässige Feindseligkeit.

Sein Stellvertreter, der medizinische Inspekteur Dobronrawow, denunzierte Haass beim Generalgouverneur, beim Zivilgouverneur und bei den obersten Petersburger Behörden. Er behauptete: »Der Arzt Haass ist geistig krank«, seine Handlungen und Anordnungen seien »leichtsinnig, sie beunruhigen und verwirren Personal und Patienten«.

Im Kreise der Ärzte und Beamten des Moskauer Medizinischen Comptoirs tuschelten Dobronrawow und seine Kollegen und empörten sich: »Wie ist es möglich, daß dieser hochnäsige Ausländer einen solch hohen Posten erlangt hat?! Das ist ihm zu Kopf gestiegen, und nun belästigt er vernünftige Leute mit närrischen Nörgeleien und bigotten Moralpredigten.«

Fjodor Petrowitsch wurden die Denunziationen seiner Neider mitgeteilt. Betrübt schrieb er an das Ministerium:

Seit einer erklecklichen Reihe von Jahren widme ich alle meine Kräfte dem Dienste an den leidenden Menschen Rußlands ... Wenn ich dadurch nicht in gewisser Hinsicht ein Anrecht auf Adoption erworben habe, welches der Herr Inspekteur mir abspricht, indem er mich einen Ausländer nennt, wird mich dieses sehr unglücklich machen.

Fürst Golizyn hätte es nicht zugelassen, daß man seinen Freund und Schützling Fjodor Petrowitsch kränkte, doch auch für ihn selbst brachen damals schwierige Zeiten an. Ganz unerwartet war Zar Alexander I. gestorben, der den charakterfesten Fürsten Golizyn so hoch geschätzt hatte.

IV. Der neue Zar
Sorgen und Streit

Am 14. Dezember 1825 hatten in St. Petersburg die Garderegimenter rebelliert und dem neuen Zaren den Treueid verweigert.[4]

In Moskau kursierten unerhörte, unheimliche Gerüchte: Eine neue »Zeit der Wirren« ist angebrochen, genau wie vor zweihundert Jahren unter den falschen Zaren.[5] Die Garde will den älteren Bruder, den Großfürsten Konstantin, auf den Zarenthron heben, der ist aber doch Vizekönig von Polen, hat dort den lateinischen Glauben angenommen und wird alle Kirchen den katholischen Pfaffen ausliefern ...

In Petersburg wird um das Winterpalais gekämpft, Artillerie ist eingesetzt. Tausende von Toten, Brände – verheerender noch als selbst der große Brand von Moskau ...

Alle diese Verschwörer sind Freimaurer. Sie hetzen die Soldaten und Bauern gegen den Zaren und die Aristokratie auf. Sie treiben es wie Jemeljan Pugatschow![6] In Kleinrußland haben die Aufstände schon begonnen, irgendwo bei Tschernigow, bald wird es am Don und an der Wolga losgehen, und dann wird auch Moskau bedroht sein ...

Wieder und wieder hörte man von bösen Vorzeichen, von schlimmen Prophezeiungen der weisen Mönche – der Starzen – und der Gottesnarren, von Hühnern, die wie Hähne krähten, von Hunden, die nachts unter den Kremlmauern heulten ...

Und dann sprach sich etwas ganz Unausdenkbares herum: Zar Alexander ist überhaupt nicht gestorben! Er hält sich verborgen. Nach Petersburg wurde ein leerer Sarg geschickt. Der Zar selber aber ist ins Kloster gegangen, um Vergebung für seine Sünden zu erflehen. So viele Menschen sind nach den Aufständen im Semjonowskij-Regiment[7] und in den Militäransiedlungen[8] zu Tode gepeitscht worden; auch dafür tut er Buße ...

Manche gebildeten und aufgeklärten Moskauer waren von den Gerüchten nicht weniger beunruhigt als das »gemeine Volk« auf den Märkten. Erfahrene alte Männer blieben dagegen ziemlich gelassen:

»Windiges Geschwätz! Dumme-Jungen-Streiche der Garde kommen immer wieder vor; daran ist Petersburg längst gewöhnt. Bei jedem Thronwechsel meutert die Garde. Das ist das von Moskau überkommene Strelitzenerbe.[9] Als die großmächtigen Herren die autokratischen Rechte der Anna Iwanowna[10] beschränken wollten, rebellierte die Garde und schützte die Zarin. Zehn Jahre später, nach ihrem Tode, jagte dieselbe Garde Annas Günstling Biron davon und setzte Anna Leopoldowna[11] mit ihrem Söhnchen auf den Thron. Dann, nach kaum einem halben Jahr, machte die Garde schon wieder Krawall, damit Elisabeth Petrowna[12] den väterlichen Thron besteigen konnte. Schließlich haben die Garderegimenter ja auch Peter III. gestürzt und Mütterchen Katharina[13] geholfen, Alleinherrscherin zu werden. Sie belohnte das mit Auszeichnungen, Schenkungen und Ehrungen. Vor allen anderen Truppenteilen hat sie die Garde bevorzugt. Dagegen war Paul Petrowitsch[14] der Garde nicht gewogen. Er verzieh ihr nicht, daß sie seinen Vater gestürzt hatte, und malträtierte sie nach Kräften. Deshalb mußte er auch vorzeitig aus dem Leben scheiden.

Immer wieder hat die Garde rebelliert. Vor sechs Jahren erst gab es diese Flegeleien im Semjonowskij-Regiment. Und jetzt haben sie wieder randaliert, wollen die ersten im Reich sein, haben sich aber böse verrechnet, diese Filous. Zar Nikolaj Pawlowitsch ist strenger als sein seliger Bruder Alexander, hat die Rebellen gleich mit Kartätschen traktiert. Das weitere werden die Richter entscheiden: wer durch Spießrutenlaufen – durch die ›Grüne Straße‹ – zu Tode kommen soll, wer in Ketten nach Sibirien wandert.«

»... Um alles in der Welt, bedenken Sie doch – Söhne aus solchen Familien: Trubetzkoj, Dolgorukij, Murawjow, Bestushew, Fonwisin – die Blüte unserer Aristokratie, aufgeklärte, hochverdiente Offiziere!! Unlängst noch haben sie das Vaterland und den Thron verteidigt, haben ruhmreich gekämpft – und plötzlich, geruhen Sie, sich vorzustellen, planen sie Rebellion, Thronraub, Zarenmord!«

»... Gar nicht plötzlich. Das reifte alles schon seit Jahren heran. Jetzt ist sie ausgereift, diese pestilenzische französische Seuche. Jakobinertum, Freigeisterei. Halbwüchsige Grünschnäbel klaubten in Büchern, Gazetten und in fremden Ländern diese Afterweisheiten zusammen. Während der

Feldzüge blieben sie ohne Aufsicht, da haben sie sich dem Satan verschrieben. Sie trachteten nicht nur danach, den Gottgesalbten vom Thron zu stürzen, sie hoben die Hand gegen das ganze Rußland, gegen den Adel, gegen die von der göttlichen Vorsehung aufgestellten Gesetze und Ordnungen.

Und was wollten sie statt dessen? Dasselbe wie Jemeljan Pugatschow und die französischen Königsmörder: den Bauern und dem ganzen gemeinen Volk wollten sie die volle Freiheit geben, die Freiheit zu faulenzen, zu rauben, zu brennen und zu morden! Alle Adligen aber und die gesamte Geistlichkeit ›à la lanterne‹, aufs Schafott, ins Gefängnis! Das ist es, wovon diese Halunken träumten. Und da reden Sie von Dumme-Jungen-Streichen der Garde! Für diese Bande ist Zuchthaus noch zu milde, vierteilen müßte man diese Christusverräter, sie vor allem Volk öffentlich von der Kanzel herab verdammen wie Stenka Rasin[15] und Pugatschow ...«

»... Das alles sind törichte Faseleien der russischen Sklavenhalter, dieser Obskuranten! Die wittern überall Pugatschow. Der 14. Dezember war in Wirklichkeit ein leuchtender Tag in der Geschichte unseres Vaterlandes. Endlich hat auch uns die große Flut erreicht. Ihre ersten Wogen erhoben sich vor einem halben Jahrhundert jenseits des Ozeans, als die Amerikaner die Armeen des britischen Tyrannen schlugen und einen Staat nach dem Muster der Republiken Hellas und Rom schufen. Den Amerikanern folgten die Franzosen, sie erstürmten die Bastille, pflanzten Freiheitsbäume, dekretierten die Herrschaft der Vernunft und die Gleichheit aller Bürger. Doch die junge französische Republik wurde von der Wut des Pöbels vernichtet, vom Wahnsinn des Terrors und vom Genie des neuen Cäsars, dem Napoleon Bonaparte. Und dennoch, weder Napoleon noch die restaurierte Bourbonendynastie waren imstande, die von den Republikanern errungenen bürgerlichen Rechte wieder aufzuheben. Die Freiheitswogen erhoben sich aufs neue in Spanien, Italien und Griechenland. Sie erreichten auch uns. An Stenka Rasin und an Pugatschow zu erinnern ist durchaus richtig. Sie waren Anführer der Volksmassen, die von Freiheit und Gleichheit träumten. Doch von diesen spontanen Kosakenaufständen bis zur Dezembererhebung in Petersburg ist der Weg so weit wie von der Jacquerie und der Fronde zur

Nationalversammlung und zum Convent. Im übrigen waren nicht nur Ausländer die Vorläufer von Pestel, Rylejew, Murawjow[16], sondern vor allem unsere eigenen aufgeklärten Landsleute: Nowikow und Radischtschew.[17] Und die Männer, die unter Katharina über kluge Gesetzesreformen, über die Aufhebung der Sklaverei in Rußland nachdachten, auch die Freunde des jungen Zaren Alexander und ebenso sein Minister Michail Speranskij.[18] Sie alle wollten die schändliche Sklavenhalter-Herrschaft abschaffen, unserem Vaterland Gesetze geben, eine wirkliche Staatsbürgerschaft herstellen, gleiche Rechte für alle Bevölkerungsschichten. Sie waren einzelne Weise und Philanthropen, die ihre Träume nur einem kleinen Zirkel anvertrauen konnten. Sie hatten nur wenige Gesprächspartner, und selbst diese waren nicht immer Gleichgesinnte.

Aber am 14. Dezember rebellierten Dutzende von Offizieren, glorreiche Feldherren, viele tausend Soldaten auf dem Senats-Platz im Herzen von Petersburg. Sie werden harte Strafen zu erleiden haben. Doch sie machten den Anfang. Peter der Große wurde von den Schweden zuerst bei Narwa geschlagen, aber dann kamen die Tage von Poltawa.[19] Moskau wurde von den Franzosen niedergebrannt, doch es vergingen keine zwei Jahre, da marschierten russische Heere in Paris ein ... Das Blut der Helden des Dezember ist nicht umsonst geflossen. Die Ebbe wird von neuer Flut abgelöst werden, einer machtvolleren, die alle Bollwerke des Despotismus wegreißen wird.«

Derartige Worte erklangen selten und nur im engen Freundeskreis, und selbst dort waren die Erwiderungen gewöhnlich deprimiert, manchmal auch zornig:

»Leerer Wahn! Leer und gefährlich! Petersburg ist nicht Paris und schon gar nicht Amerika. Übrigens, die dortigen freien Bürger – Neu-Athener oder Neu-Quiriten, wie Sie meinen – sind ja auch Sklavenhalter. Millionen von Sklaven wurden gewaltsam aus ihrer afrikanischen Heimat fortgeschleppt und nach Amerika gebracht. Unser Leibeigenensystem dagegen ist im Verlauf von Jahrhunderten auf unserem eigenen heimatlichen Boden entstanden. Unsere Gesellschaft ist ein lebendiger Organismus; Adel und Bauernschaft sind so miteinander verwachsen wie die Glieder eines einzigen

Körpers. Diese Heilkünstler von der Garde wollten alles mit einem Schlage lösen, wollten es machen wie mit dem Gordischen Knoten: durchhauen, ritsch-ratsch, und schon ist die Freiheit da! Herausgekommen wäre ein allgemeines Debakel, ein entsetzliches Desaster, hundertmal zerstörerischer als die Brandschatzungen Pugatschows. Nein, von solchen Ideen muß man sich fernhalten ...«

»... Rußland braucht eine starke Zarenmacht, damit alle staatlichen Gesetze unverbrüchlich eingehalten werden. Nur der weise Wille des Herrschers, der sich auf seine treuen und klugen Staatsdiener stützt, kann die Leibeigenen vor der Willkür ihrer Besitzer schützen, kann alle Bürger vor Ungesetzlichkeit, vor Ungerechtigkeit, vor schlechten Woiwoden, vor gewissenlosen Richtern schützen. Nur die aufgeklärte Selbstherrschaft kann uns Frieden, Wohlstand und die Blüte von Kunst und Wissenschaft garantieren.

Was haben dagegen diese wohlmeinenden, aber unverständigen Jünglinge, die ihre Regimenter auf den Senats-Platz führten, erreicht? Sie haben sich und ihre unglücklichen Soldaten in den Untergang gestürzt. Dadurch raubten sie ihrem Vaterland eine Menge ehrlicher, opferbereiter Söhne, die ihm auf vielen Schlachtfeldern hätten nützen können. Diese sinnlose Revolte sät in vielen Köpfen und Herzen Mißtrauen gegenüber jeder Art von freiem Geist, selbst gegenüber den maßvollsten Reformen. Schon jetzt hört der neue Monarch weniger auf kluge und besonnene Räte als auf die bedingungslos folgsamen Hofschranzen ohne eigene Meinung ... Dieser 14. Dezember ist in keiner Weise mit einer befreienden Flut zu vergleichen, wohl aber mit einem vernichtenden Orkan oder einem tödlichen Frost ...«

Fjodor Petrowitsch hatte viel Verständnis für jene jungen Leute, die so flammend für die Freiheit eintraten: »O ja, ich verstehe Sie gut. Ich weiß noch wohl, wie es damals bei uns herging, als die französische Armee kam. Ich war ein Bengel von 13 oder 14 Jahren und brüllte auch ›À bas la tyrannie! Vive la République!‹ Ich sehnte auch égalité, liberté, fraternité herbei. Da erklärten mir mein Vater, ein sehr guter und kluger Apotheker, und mein Lehrer, ein sehr guter und kluger Prälat: ›Du bist noch ein ganz unreifer, törichter Knabe, du rufst nach Freiheit; dabei gibt es Freiheit immer und überall, Christus hat sie uns geschenkt. Jeder Mensch kann frei entscheiden, ob er gut oder schlecht handeln will. Und Gleichheit besteht und bestand auch immer – die Gleichheit vor Gott. Der reichste Aristokrat und der elendeste Bauer sind gleich, wenn sie tugendhaft sind; ein guter Arbeiter gilt vor Gott mehr als ein schlechter König. Brüderlichkeit hat es ebenfalls immer gegeben, es wird sie auch weiterhin geben. Man muß nur der Lehren der Bergpredigt und der Apostelbriefe eingedenk bleiben. Jeder Christ ist jedes Menschen Bruder. Rebellion, Revolution sind absolut nicht nötig, nötig ist dagegen, dem Kaiser zu geben, was des Kaisers ist, und der Obrigkeit untertan zu sein, denn alle Obrigkeit ist von Gott. Jeder Mensch kann frei entscheiden, Gutes zu tun, und er kann einsehen, daß alle Menschen gleich sind, denn alle Erdenkinder sind sterblich, sie alle sündigen, und sie alle können gerettet werden durch Christi Hilfe. Nötig ist es, aller Menschen Bruder zu sein!‹«

Man hörte ihm höflich zu. Hin und wieder fand er auch Zustimmung:

»Fjodor Petrowitsch sagt die Wahrheit, die reine Wahrheit. Wir sind von Gott abgefallen, daher rührt alles Unheil.« Es gab aber auch scharfen Widerspruch:

»Ich befürchte, verehrter Doktor, mit solchen Ansichten nähern Sie sich gefährlich den Lehren jener Sekten, welche die Heilige Schrift willkürlich auslegen. Ich darf Ihnen raten, sich Ihrem Beichtvater anzuvertrauen.«

»Das geht zu weit! Wie können Sie Fjodor Petrowitsch der Häresie zeihen. Daß er mit den Rebellen christliches Mitleid hat, ist keine Sünde. Der Schäfer hat die verirrten Schafe zu strafen und sich ihrer zu erbarmen.«

»Was sind das schon für Schäflein? Garstige Böcke sind es, reißende Wölfe, giftige Vipern, tollwütige Hunde, die man gnadenlos ausrotten muß. Hier taugt keine Afterwissenschaft, taugen keine hohlen Phrasen. Sie stiften nichts als Schaden. Der verewigte Herrscher Pawel Petrowitsch hatte höchstpersönlich strikt verboten, Worte wie ›Liberté‹, ›Egalité‹, ›Nation‹, ›Revolution‹ in den Mund zu nehmen, geschweige in irgendwelchen Veröffentlichungen anzuwenden. Auf schändlichste Worte folgen schändlichste Taten.«

»Sie geruhen, voreilig zu urteilen, verehrter Herr. Und den Zaren Pawel Petrowitsch zu erwähnen ist durchaus fehl am Platze. Seine strengen Verbote waren keineswegs heilsam. Sie konnten nicht einmal ihn selbst vor der Mörderhand bewahren. Für den Christen ist es keine Schande, sich auch noch des bösesten Missetäters zu erbarmen. Erst die Strafe, wenn nötig, harte Strafe, dann aber Erbarmen und Mitleid. Der Erlöser hat auch des Schächers am Kreuz gedacht, sich seiner erbarmt. Rebellion ist ein Verbrechen und muß streng bestraft werden. Doch unter den Rebellen gab es nicht nur Verbrecher, es gab auch Irregeleitete, verführte und verblendete Jünglinge. Sie verdienen unser Mitleid. Mehr noch ihre Angehörigen und Verwandten ...«

»... Gewiß, nicht wenige hochberühmte und hochverdiente russische Familien beweinen heute unbesonnene Familienmitglieder. Graf Rostoptschin[20] sagte jüngst: ›In Frankreich hat der dreckige Pöbel die Revolution angezettelt. Schuster strebten nach Privilegien, wollten selber adlig werden. Dieses Streben ist verbrecherisch, aber begreiflich. Auch der Fisch sucht nach tieferem Wasser. Aber bei uns haben Gardeoffiziere eine Revolution angezettelt – Fürsten, Grafen, Männer aus dem Uradel –, wollten sie Schuster werden?‹«

Die Krönung des neuen Zaren im Kreml stand bevor. Alle Departements, alle Militär- und Zivilbeamten bereiteten sich in fieberhafter Geschäftigkeit auf das große Ereignis vor. Auf den Kasernenhöfen wurden die Soldaten gedrillt. Bis tief in die Nacht schallten Kommandorufe, dröhnten Trommelwirbel, erklangen Hornsignale. Offiziere und Korporale waren überaus gespannt. Alle wußten: Zar Nikolaj Pawlowitsch[21] nahm es mit Drill und Reglement überaus genau, duldete nicht die allerkleinste Nachlässigkeit.

Fürst Golizyn und seine Freunde wußten nicht, wie sich der neue Zar Männern gegenüber verhalten würde, die sein Vorgänger protegiert hatte. Würde er sich – nach den schrecklichen Dezemberereignissen – nun vielleicht allein auf die Araktschejew-Clique[22] stützen, auf diese knechtseligen, bornierten Gamaschenknöpfe? Ihr Einfluß am kaiserlichen Hof hatte schon in den letzten Jahren Zar Alexanders erschreckend an Gewicht gewonnen.

Widersprüchliche Gerüchte flammten auf und erloschen:

»... Alexander Gribojedow[23] ist verhaftet. Wer hätte das

für möglich gehalten? Ein so seriöser, wirklich staatsmännischer Kopf.«

»... Man soll sich auch an Jermolow[24] herangemacht haben, es heißt, die Rebellen hätten ihn zum Zaren machen wollen ... Nein, nicht zum Zaren, zum Diktator, so wie die Engländer ihren Cromwell hatten und die Franzosen den Bonaparte.«

»... Puschkin ist aus seinem Verbannungsort zum Verhör nach Petersburg befohlen worden. Schließlich war er ja mit allen Hauptschuldigen befreundet, mit Rylejew, Küchelbekker, Puschtschin.«

»... Der Zar soll Puschkin aber verziehen haben, und außerdem hat er befohlen, Jermolow und Gribojedow nicht anzutasten.«

»... Echte Großmut ist nur beim Zaren zu finden. Der Herrscher hat sogar mit den schlimmsten Unholden Erbarmen gehabt. Nach dem Gesetz hätten sie öffentlich vor allem Volk gerädert und gevierteilt werden müssen. Doch der Zar ließ Milde walten: Nur fünf von ihnen hat er in der Festung aufhängen lassen, und zwar in aller Stille ohne Öffentlichkeit.[25] Die übrigen schickte er nach Sibirien in die Erzminen. Mit den weniger Schuldigen hielt er es so: Die Adligen degradierte er zu gemeinen Soldaten, für die übrigen befahl er die ›Grüne Straße‹, und alle zusammen müssen dann in den Kaukasus, sollen dort mit Blut ihre Sünden abwaschen.«[26]

In diesen äußerst unruhigen, aufregenden Monaten stand dem Fürsten Golizyn der Sinn nicht danach, sich um die Intrigen im Medizinischen Comptoir zu kümmern. Fjodor Petrowitsch verstand das gut, fürchtete er doch ebenso wie manch anderer Moskauer, der Fürst könnte seines Postens enthoben werden. Haass wollte ihn nicht mit seinen eigenen Sorgen belästigen. Im Sommer 1826 beantragte er seine Entlassung.

In den eineinhalb Jahren seines Wirkens als Stadt-Physikus hatte Fjodor Petrowitsch beträchtliche eigene Mittel aufgewendet, um arme Patienten mit den nötigen Medikamenten zu versorgen. Nachdem er nun von der aufreibenden und unfruchtbaren Verwaltungsarbeit befreit war, konnte er sich wieder ausschließlich seinem Arztberuf widmen. Er behandelte jedoch nicht nur die Kranken, die ihn kommen ließen oder ihn in seiner Praxis aufsuchten. Nach wie vor kümmerte er sich um die Armen in den Krankenhäusern, die seiner Aufsicht nicht mehr unterstanden, und half auch den jungen Ärzten mit Rat und Tat.

Kein wie auch immer gearteter Verdruß vermochte Fjodor Petrowitschs Vertrauen in die Menschen zu schwächen oder zu erschüttern, nichts konnte seinen Glauben an die Vernünftigkeit der menschlichen Existenz und die Gerechtigkeit der Vorsehung ins Wanken bringen. Er war überzeugt, es gebe mehr gute als böse Menschen auf der Welt, und Wahrheit müsse die Unwahrheit letzten Endes überwinden, wenn auch nicht in absehbarer Zeit, nicht einmal zu seinen eigenen Lebzeiten. Er zweifelte auch keinen Augenblick daran, daß er mehr Freunde und ihm Wohlgesinnte habe als Gegner und Neider.

Fürst Golizyn blieb Generalgouverneur, seine freundschaftlichen Beziehungen zu Fjodor Petrowitsch änderten sich nicht.

Alexander Alexandrowitsch Arsenjew, der Moskauer Adelsmarschall, stand im Ruf, ein machtbewußter, stolzer Herr zu sein, ein eigensinniger Mann, wenn nicht gar ein verbohrter Querkopf. Zugleich war er berühmt für seine Gastlichkeit, Freigebigkeit und für seine eifersüchtige Liebe zu Moskau.

Als Sohn eines berühmten Feldherrn und Helden des Siebenjährigen Krieges wählte auch er die militärische Karriere. Schon bald war er ein flotter Gardeleutnant, empfing eine Auszeichnung aus der Hand der Zarin Katharina, der die reckenhafte Gestalt des Jünglings recht wohl gefiel. Das wiederum gefiel dem Fürsten Potjomkin ganz und gar nicht. Eines Morgens, übellaunig nach durchzechter Nacht, brüllte er den beim Stab als Offizier vom Dienst tätigen Arsenjew an:

»Wie zum Teufel ist Ihre Schärpe gebunden?! Sie sind eine Schlampe, kein Gardeoffizier!«

Nach beendetem Tagesdienst reichte der beleidigte junge Mann stante pede sein Abschiedsgesuch ein und begab sich auf seine Besitzungen unweit Moskaus. Dort verbrachte er fast zwanzig Jahre. 1812 rekrutierte und equipierte er auf seine Kosten ein Landsturmregiment und kommandierte es in einigen Scharmützeln.

Keinen Menschen auf der Welt haßte er so wie den Usurpator Napoleon – den Zerstörer Moskaus. Seine Hofhunde hießen daher stets entweder Napoleonka oder Josephinka.[27]

Nach dem Krieg machte er den Wiederaufbau Moskaus zu seinem Lebensinhalt. Als gewählter Adelsmarschall spendete er für den Aufbau einen erheblichen Teil seines Privatvermögens, nutzte nach Kräften verwandtschaftliche und freundschaftliche Verbindungen und setzte seine ganze unverbrauchte Kommandeursenergie ein.

Er erreichte, daß die schmutzige, an der Kremlmauer entlangfließende Neglinnaja in unterirdische Röhren geleitet, das Flußbett zugeschüttet und darüber der Alexandergarten angelegt wurde.

Persönlich leitete er den Bau des Bolschoj-Theaters. Als er feststellte, daß es mit dem Dachdecken zu langsam voranging, die bevorstehenden Herbstregen viel Schaden anrichten würden, hörte er sich ein- oder zweimal die entschuldigenden Erklärungen des Bauführers an. Dann ließ er den Mann kurzerhand auf dem ungedeckten Dach an einen Schornstein binden und von zwei seiner Burschen bewachen:

»Laßt ihn nicht aus den Augen! Zu essen bekommt er halbe Ration, Wodka nur zum Abendbrot ein einziges Gläschen. Für die Notdurft sollen ihm seine Tagelöhner einen Eimer bringen. Alle seine Anordnungen für die Arbeit aber sind genauestens zu befolgen und auszuführen. Er darf nicht eine Stunde losgebunden werden, soll er ruhig im Stehen schlafen, bis das ganze Dach vollständig gedeckt ist.«

Als der Bau sich der Vollendung näherte, tauchte ein neues, unvorhergesehenes Problem auf. Der Metropolit Filaret hatte erfahren, daß über dem Hauptportal, oberhalb der prächtigen Kolonnaden eine Quadriga, gelenkt von Apoll, dem Gott der Musen, aufgestellt werden sollte. Der Kirchenfürst geriet außer sich:

»Das ist absolut verwerflich! Ein ungeheuerlicher Gedanke, mitten in Moskau ein heidnisches Idol errichten zu wollen, einen abscheulichen Götzen, den die Feinde der Christenheit, die Verfolger und Verderber der heiligen Märtyrer anbeteten, ein heidnisches Idol, ausgehauen in ausgesuchter

Pracht und Erhabenheit! Nach dem heidnischen Afterglauben beschirmt dieser berüchtigte Phöbus-Apollon die widerwärtigsten Laster, ist der Patron der hemmungslosesten Ausschweifung. Ausgerechnet ihn will man in einer rechtgläubigen Stadt aufstellen, noch dazu in einer Höhe, von der aus er die Kreuze der benachbarten Kirchen überragt! Ein sündhaftes, lästerliches Unterfangen!«

Arsenjew blieb hartnäckig. Fürst Golizyn unterstützte ihn. In Petersburg wies der Heilige Synod[28] die Proteste des allzu strengen, asketischen Hierarchen höflich ab. Allen war bekannt, daß der Zar und die Großfürsten dem Moskauer Metropoliten nicht gewogen waren, wenn sie sich auch bei unvermeidlichen Begegnungen ihm gegenüber achtungsvoll verhielten. Weder dem Zaren Alexander noch seinem Nachfolger Nikolaj noch den Ministern behagte die außerordentliche Popularität Filarets. Priester und Mönche, auch alle Kaufleute und das gewöhnliche Moskauer Volk, selbst viele Adlige verehrten ihn als einen heiligen Streiter und Eiferer in Gottesfurcht und Frömmigkeit.

Doch aufgeklärte Moskauer, so manche von ihnen Freunde und gute Bekannte Arsenjews und Golizyns, äußerten sich über den Metropoliten eher kritisch, zuweilen fast feindselig:

»Er ist klug, schlau, hochgebildet, eloquent und wohl auch aufrichtig fromm. Daneben ist er aber auch herrschsüchtig und hochmütig, versucht zwar seinen Hochmut zu verbergen, aber das gelingt ihm selten. Er ist ein Asket, ein fanatischer Eiferer, dabei maßlos eitel, umgibt sich mit Schmeichlern und kriecherischen Frömmlern.«

Auch bei den weltlichen Behörden hatte der Metropolit mit seinem Protest keinen Erfolg. Daraufhin lehnte er es ab, den fertigen Bau einzusegnen, obwohl er wußte, daß der Zar den Bau guthieß und sich nicht von seinem erzbischöflichen Unwillen hatte beeindrucken lassen:

»Soll den heidnischen Götzentempel auch ein Heide einweihen«, grollte der Kirchenfürst.

Arsenjew und sein Sohn, der aus Petersburg zu Besuch weilende Schriftsteller Iwan Alexandrowitsch, empfingen Fjodor Petrowitsch stets mit Freuden, titulierten ihn »unser bester Äskulap und Philosoph«. Sie erzählten ihm von ihren

Auseinandersetzungen mit dem Metropoliten, den sie einen Obskuranten und Finsterling nannten. Ebenso bescheiden wie entschieden äußerte Fjodor Petrowitsch seine Meinung:

»Halten zu Gnaden, Exzellenz! Solch strenger Réprimande vermag ich mich nicht anzuschließen. Gestatten Sie mir gütigst, dies zu erläutern: Ihre Streitigkeiten sind einer echten Tragödie vergleichbar, einer antiken Tragödie von Äschylos oder Sophokles oder auch einer klassisch-französischen von Corneille oder Racine. Hier hat jede Seite ihre eigene Wahrheit. Sie, Exzellenz Alexander Alexandrowitsch, und Sie, Iwan Alexandrowitsch, und auch alle Ihnen Gleichgesinnten verteidigen die Aufklärung und die schönen Künste. Das ist Ihre Wahrheit. Seine Eminenz Metropolit Filaret verteidigt den heiligen Buchstaben der heiligen Bibel, verteidigt Gesetz und Dogma. Das ist seine Wahrheit. Auch bei uns Katholiken gibt es sehr strenge Dogmen. In früheren Jahrhunderten verfolgte die Inquisition die Verletzer der Dogmen, sie wurden sogar verbrannt. Aber Künstler, Maler, Bildhauer und Baumeister hat die katholische Kirche immer beschützt und gefördert. Sie verhielt sich auch der antiken Kunst gegenüber tolerant. Erst die Protestanten haben Kunstwerke zerstört. Allerdings, einmal gab es auch bei den Katholiken einen fanatischen Gegner der weltlichen Kunst, das war in Florenz der fanatische Mönch Savonarola. Die Protestanten haben aber viel, viel mehr zerstört, denken Sie nur an die Wiedertäufer und an die englischen Puritaner.

Über die Geschichte und über die Dogmen der russischen Kirche zu urteilen, darf ich mich nicht anheischig machen, denn ich gehöre einer anderen Konfession an. Soviel verstehe ich aber. Seine Eminenz sind natürlich nicht Protestant, können es nicht sein, im Gegenteil. Eminenz sind ein sehr strenger Asket nach der alten Art, so wie die heiligen Väter in der alten Zeit es waren. Das ist hoher Achtung würdig … Was ich selber glaube? Welche Wahrheit die echte ist? Nun, ich glaube, daß Ihre Wahrheit eine Teilwahrheit, des Metropoliten Wahrheit eine andere Teilwahrheit ist. Die ganze Wahrheit aber ist nur bei Gott.«

An Feiertagen besuchte Fjodor Petrowitsch die Peter-Paul-Kirche oder die Kapelle des heiligen Ludwig in der Kleinen Lubjanka. Manchmal betete er auch werktags dort.

Zweimal wöchentlich dinierte er bei dem Grafen Nikolaj Nikolajewitsch Sotow, den man in Moskau »Atheist«, »Voltairianer« und »gottloser Enzyklopädist« nannte. Die Herren gerieten jedesmal in Streit. Sotow wußte, daß der Doktor die Astronomie liebte, ein Teleskop, astronomische Instrumente und viele wissenschaftliche Bücher besaß. Er setzte ihm mit Fragen zu, wie er alles, was er wisse, studiert und beobachtet habe, mit dem in Einklang bringen könne, was in der Bibel über die Schöpfung und den Bau des Weltalls geschrieben stehe. Wieder und wieder bedrängte er Haass mit der Frage, ob er es für gerecht erachte, daß Giordano Bruno verbrannt und Galilei so grausam erniedrigt worden sei.

Oder er bat ihn, folgendes zu erklären: Wenn Gott der Schöpfer der sichtbaren und unsichtbaren Welt ist, allmächtig, allwissend, von Ewigkeit zu Ewigkeit, allgegenwärtig etc. etc., wie können dann sterbliche Menschen sich dieses überirdische, übermenschliche Wesen vorstellen, wie bringen sie es fertig, seinen Willen und seine Absichten zu verstehen und zu erläutern, in seinem Namen Gesetze zu erlassen und in seinem Namen nach diesen Gesetzen zu richten und zu strafen?

»Sehen Sie denn nicht selber, verehrtester Doktor, daß die Geschichte aller Glaubenslehren, aller Kirchen – der katholischen mit ihren lasterhaften Päpsten und ihrer diabolischen Inquisition, der orthodoxen mit ihrem Raskol[29] und ihrer Ignoranz – und alle Religionskriege zwischen Christen von der Unsinnigkeit derartiger Ansprüche zeugen? Gar nicht zu reden von den barbarischen Gesetzen der Muselmanen, der Juden und aller Asiaten.«

Fjodor Petrowitsch, der höflich und friedlich zu erwidern begann, geriet bald in Hitze, ereiferte sich, sprang vom Tisch auf, marschierte mit langen Schritten im Zimmer auf und ab, fuchtelte aufgeregt mit den Armen, schrie fast:

»Gottes Wesen und seine Absichten sind dem menschlichen Verstand absolut unerreichbar und darum vollkommen anders aufzunehmen als irdische Gegenstände, die dem Sehvermögen, dem Gehör, dem Tastsinn und dem hohen Niveau des menschlichen Verstandes, welcher Kausalzusammenhänge erfassen, Raum und Zeit messen kann, zugänglich sind ... Glauben und Wissen sind zwei grundsätzlich verschiedene, einander fast ausschließende Wege, die dem nach

Wahrheit verlangenden menschlichen Geist offenstehen. Irdische Wahrheit ist nur durch Wissen, Erfahrung, Verstand zu erlangen. Göttliche Wahrheit kann nur durch den aufrichtigen Herzensglauben empfangen werden, durch die Erfahrung des Herzens und der Seele.«

Er rief – manchmal unter Tränen –, daß Sünden, Verfehlungen, Häresie und alle Missetaten, denen sich Diener der Kirche schuldig gemacht hätten, doch nur die Sündhaftigkeit und Lasterhaftigkeit sterblicher Menschen bezeugten, die sich in der Gewalt Satans befänden. »Desto offenbarer steht die Wahrheit und die Macht Gottes vor uns, denn der Glaube an ihn kann nicht versiegen trotz aller Tücken und zeitweiliger Siege des Teufels.«

Die Streitgespräche waren laut und hitzig, doch die Gegner zerstritten sich nie, blieben stets gute Freunde und freuten sich auf jede neue Zusammenkunft. Wer sich über diese Freundschaft wunderte, dem erklärte Fjodor Petrowitsch:

»Das alles ist ganz einfach: Ich liebe den Grafen Nikolaj Nikolajewitsch. Und in dieser Liebe liegt keinerlei Widerspruch. Weil ich ein Christ bin, hasse ich die Sünde, liebe aber den Sünder. Nikolaj Nikolajewitsch sündigt in seinen Worten, aber in seinen Taten, in seiner Seele ist er ohne Fehl, er ist ein sehr guter, sehr kluger, sehr edler Mensch. In seiner Seele ist er ein echter Christ. Nehmen wir nur ein Beispiel: Er liebt mich, obwohl ich immer mit ihm streite, zornig zu ihm spreche, ihn sogar anschreie. Er lebt genau so, wie unser Heiland es gebot: ›Liebet die, so euch hassen.‹«

Im Laufe der Jahre ärgerte Wilhelmine sich immer weniger über die Zustände im russischen Alltag, statt dessen geriet sie je länger, je mehr in Verzweiflung darüber, daß Bruder Fritz alles zerstörte, was ihr noch unlängst als so schön gesichert erschienen war.

Am 31. August (12. September) 1830 schrieb sie an die Schwester Lischen:

F. hat unklug blind in den Tag hinein gehandelt, hat mit fremdem Gelde gehandelt, zwecklose Ausgaben gemacht, zwar in der besten Meinung, eine Goldgrube damit zu eröffnen, aber ohne die Möglichkeit des Wiedergebens genug zu erwägen. Die letzte und vernünftigste Anlage ist die Fabrik, woran eben verhältnismäßig weniger Geld eingegangen ist als an früheren Vertändeleyen. Weil F. so wenig aus Geld was macht, so ist er auch gar zu leicht beym ausgeben; nicht für sich, er braucht gar zu wenig für sich, aber ausgenommen seine Person, gibt er seinen letzten Heller her, und ist eben so vergnügt, wenn er nur so viel besitzt, daß er geben kann was man begehrt, und bleibt ihm nur ein Rubel übrig, als wenn er tausende da liegen hat. Es ist ihm sogar lästig Geld [zu] haben; und da er Thätigkeit des Geistes, Handelsunternehmungen über die Maaßen liebt, so war es ihm ein Vergnügen, sein Geld zum Ankauf des Landguts zu verwenden, hoffend da ein Erwerbzweig sich zu verschaffen, der ihm die Praxis unnöthig mache, und womit er viel anderweitig Gutes hoffte bewirken zu können. Alle Welt warndte ihn, er sey nicht der Mann dafür, zwar viele Umsicht, aber zu gut, nicht Gesundheit und Erfahrung genug, um etwas so undankbares, wie das ist, ein Landgut zu dirigieren, zu unternehmen. Doch niemand kannte die Leichtfertigkeit womit F. Geld aufnahm so ausgab, und sich in einen Wirrwarr hinein arbeitete, woraus er sich nicht mehr herausziehen konnte ...

... dazu kömmt der ganz einzig in seiner Art sonderbare und difficile Character von F., wo mehr als himmlische Geduld erfordert wird, um dies zu ertragen ...

... es thut mir sehr weh, wenn man etwas gegen Fritz sagt, wer seine partie hält, liebe ich sehr. Fritz hat so viele schöne gute Seiten, daß man ihm alles verzeihen kann, was einen wegen seinem difficilen Charakter zu leiden hat ...

V. Das Gefängnis-Fürsorgekomitee

Ein kalter Dezembermorgen 1828. Im kleinen Audienzsaal des Generalgouverneurs lodert das Kaminfeuer, auch die holländischen Kachelöfen sind geheizt.

Im Saal befinden sich etwa zwanzig Personen. Einige sitzen auf an den Wänden aufgereihten Stühlen, andere haben sich in Sesseln neben runden Tischchen niedergelassen, wieder andere stehen. Es ist eine buntgemischte Gesellschaft: Militär- und Zivildienstuniformen sind zu sehen, elegante und schlichte Fräcke, ein paar langschößige Kaufmannskaftane und die violetten Ornate mit den goldenen Brustkreuzen der Geistlichen. Inmitten all dieser Personen befindet sich auch Fjodor Petrowitsch im unvermeidlichen schwarzen Frack mit blütenweißem Spitzenjabot.

Fürst Golizyn in Galauniform mit Ordensschärpe geht mit raschem, federndem Offiziersschritt von einem zum anderen, begrüßt alle Anwesenden der Reihe nach und tritt dann an einen Tisch, auf dem sein Sekretär bereits einen Stoß Papier, Tintenfaß, Streusandbüchse und ein Kästchen mit frisch gespitzten Gänsekielen zurechtgelegt hat.

In seiner Begrüßungsansprache führt der Fürst aus:

»... Seit langem, meine verehrten Herren, empfinde ich dringend die Notwendigkeit, die Gefängnissituationen in dieser Stadt in einen besseren Stand zu setzen. In Petersburg existiert zu diesem Behufe bereits eine Gesellschaft und ein Komitee zur Gefangenenfürsorge. Etwas Entsprechendes auch in unserer Stadt zu begründen, verhinderten bisher Umstände, die hier nicht näher zu erörtern sind. Heute nun können auch wir mit Gottes Hilfe zur Eröffnung einer Fürsorgegesellschaft und eines Fürsorgekomitees für die Gefangenen schreiten. Von ganzer Seele erfüllt mich die Überzeugung, daß unseren gemeinsamen Mühen die ersehnten Früchte beschert sein werden, nicht nur im Hinblick auf Gemeinwohl und Sittlichkeit, sondern auch im Hinblick auf die Religion. Vielleicht wird uns das Glück zuteil, unter den Eingekerkerten auch solche zu finden, durch welche mittels unserer Fürsorge die große Wahrheit erfüllt wird, daß auch der verstockteste Verbrecher für eine Besserung nicht hoffnungslos verloren ist ...«

Nach seiner kurzen Ansprache bat Fürst Golizyn den Doktor Fjodor Petrowitsch Haass, darüber zu berichten, was er in den von ihm inspizierten Gefängnissen festgestellt habe und welche vordringlichen Maßnahmen er vorschlage.

Haass zog ein paar mit feinen Schriftzügen bedeckte Blätter aus seiner Fracktasche, blickte verstohlen hinein und begann zu sprechen, anfangs langsam, trocken geschäftsmäßig, dann zunehmend flüssiger und bewegter.

»Exzellenz, hochverehrte Anwesende! Ich hatte die Ehre, in Befolgung einer Anordnung Seiner Exzellenz des Generalgouverneurs, die Gefängnisbaulichkeiten unserer Stadt zu besichtigen, welche zu besuchen ich schon des öfteren in früherer Zeit Gelegenheit hatte, wenn ich als Arzt zu einem kranken Arrestanten gerufen wurde. Außerdem habe ich aufmerksam die Aufzeichnungen gelesen, welche nach der Inspektion durch Seine Exzellenz Herrn Senator Oserow niedergeschrieben wurden, ebenso las ich die Aufzeichnungen der Beamten Eurer Exzellenz, die im vergangenen Jahr das Verschickungsgefängnis inspizierten.

In unserer schönen und christlichen Hauptstadt Moskau gibt es heute drei große Gefängnisse – das Gouvernementsgefängnis zwischen Butyrka und Twerskajastraße, das Durchgangsgefängnis gegenüber dem Kreml an der Wolchonka, das Schuldgefängnis, allgemein ›die Grube‹ genannt, neben der Kapelle der Iberischen Gottesmutter. Ferner gibt es die kleineren Arrestlokale bei den Polizeirevieren.

An den vorgenannten Orten halten sich in dieser Minute viele hundert, vielleicht über tausend unglückliche Menschen auf – mögen sie auch Sünder sein, mögen sie Verbrecher, ja allerschlimmste Frevler sein, sie sind dennoch Menschen, getaufte Menschen. Auch um ihretwillen nahm unser Heiland das Kreuz auf sich, während seiner Marterqualen verzieh er dem Schächer am Kreuz. Hier in Moskau schmachten in den Gefängnissen mehr Unglückliche als Bösewichter. Ich spreche die reine Wahrheit.

Ich habe viele Sträflinge, Zuchthäusler und Verschickte genau und ins einzelne gehend untersucht, habe mit ihnen gesprochen. Im Durchgangsgefängnis kommen auf einen zu strengem Regime verurteilten Zuchthäusler zwei, drei oder mehr Verbannte, die für leichte Vergehen verurteilt wurden; noch größer ist die Zahl derer, die nichts verbrochen haben, zu keiner Strafe verurteilt sind, sondern lediglich von der Polizei in ihre Heimatorte abgeschoben werden. Bei ihnen handelt es sich um Bauern, die ihre Pässe verloren haben, Bauern, die kein Geld besitzen, um nach Hause zu gelangen, sowie um Frauen und Kinder von Verschickten, die freiwillig ihren Männern oder ihren Eltern in die Verbannung nach Sibirien folgen. Sie alle zusammen haben so Entsetzliches zu leiden, daß man es nicht ohne tiefstes Erschrecken, nicht ohne Tränen mitansehen kann.

Im vergangenen Jahr hat Seine Exzellenz Herr Senator Oserow mit eigenen Augen im Gouvernementsgefängnis zweiundneunzig Arrestanten nackt wie Adam gesehen. Ich selber war gestern im Durchgangsgefängnis, dort ist es sehr kalt, viele Häftlinge haben nur Fetzen und Lumpen auf dem Körper. Die Frauen hält man glücklicherweise getrennt von den Männern, aber weil sie so wenige sind, ist es in ihrem Raum noch kälter, und sie schicken daher ihre Kinder, Jungen und Mädchen, zum Schlafen in die Männerabteilung hinüber, weil es wegen der vielen Menschen dort etwas wärmer ist.

Ich sprach als erstes von der Kälte, weil ich bei meiner Fahrt hierher den scharfen Frost spürte, mein Pelz aber schön warm hält. Hier ist es so hell, hier ist so viel Wärme in der Luft und in unser aller Herzen.

Seine Exzellenz Herr Generalgouverneur sprachen so wundervolle Worte. Doch ich kann nicht vergessen, was ich gestern und vorgestern in den Gefängnissen sah und hörte. So etwas kann nur Dante schildern; dort ist Dunkelheit, Schmutz, übler Gestank und Kälte, dort liegen ansteckende Kranke neben Gesunden; dicht zusammengedrängt liegen unschuldige Jünglinge zwischen Schwerverbrechern, keusche Mädchen zwischen lasterhaften, verkommenen Frauenzimmern.

Mir fehlen die Worte, bitte verzeihen Sie gütigst. Ich werde daher vorlesen, was vor neun Jahren der verehrte Doktor Vening schrieb. Der verewigte Zar Alexander der Gesegnete geruhte, dem Doktor Vening zu befehlen, die Gefängnisse in Petersburg und hier in Moskau zu inspizieren. Nach dieser Inspektion verfaßte Doktor Vening einen detaillierten Rapport und kam zu folgender Conclusion:

›Es ist unmöglich, ohne Ekel und Grauen an die bestialischen Folgen solch barbarischer Institutionen auch nur zu denken: Hier werden Gesundheit und Sitten gleichermaßen zerstört, wie kurz auch die Frist der Einkerkerung gewesen sein mag.‹

Im Anschluß an Dr. Venings Inspektionen verfügte der Herrscher die Gründung einer Fürsorgegesellschaft und eines Fürsorgekomitees für die Gefangenen. Zum Präsidenten der Gesellschaft wurde Seine Durchlaucht Fürst Michail Golizyn, Minister für geistliche Belange und Volksaufklärung, ernannt. In Petersburg, wie zuvor erwähnt, hat das Komitee seine Tätigkeit bereits aufgenommen und arbeitet, wie man hört, überaus segensreich. Für unsere künftigen Bemühungen ist es ein sehr gutes Vorzeichen, daß hier in Moskau der Begründer unseres Komitees, der großherzige, von uns allen geliebte Vater unserer Hauptstadt, ein Sprößling des gleichen erlauchten Geschlechts Golizyn ist.«

Das Komitee war gegründet. Es hatte zwei Vorsitzende, den Generalgouverneur Fürst Golizyn und den Moskauer Metropoliten Filaret. Beide Herren waren zugleich Vizepräsidenten der allrussischen Gefängnis-Fürsorgegesellschaft. Friedrich Haass wurde zum Sekretär des Moskauer Komitees ernannt.

Damit begann für ihn ein neues, ein vollkommen neues Leben. Er selbst war sich kaum bewußt, wie jäh sich seine Existenz gewandelt hatte. Ihm schien, er tue das gleiche wie eh und je: Er half Kranken, Leidenden, Unglücklichen; lediglich eine Sorge war hinzugekommen: die für die Gefängnisse.

»Belieben Durchlaucht gütigst, dorthin zu schauen. Da kommen sie an jener Stange, von der ich die Ehre hatte zu berichten.«

Fjodor Petrowitsch und Fürst Golizyn standen neben der Equipage des Fürsten auf einem Hang an einer noch unfertigen Ziegelmauer, hinter der Bretterbuden, Ziegelsteinhaufen und Balken zu sehen waren. Gegenüber, hinter Sträuchern und Gebüsch, senkte sich der Hang zum Moskwa-Fluß hinab, und in der Ferne, von der frischen Aprilsonne beleuchtet, schimmerten verschiedenfarbige schuppige Dächer, helle Kirchenmauern, strahlende Goldkuppeln, dunkle Straßenwindungen, Glockentürme, Palais, die Kremltürme. Es war der Blick von den Sperlingsbergen auf die Stadt Moskau.

Über den Weg vor der Mauer schleppte sich ein unordentlicher Haufen schmutziggrauer Sträflinge. Die Begleitsoldaten präsentierten beim Anblick der Generalsepauletten ihre langen Gewehre, schleuderten ruckweise die Beine hoch; dumpf klatschten ihre Stiefelsohlen auf den noch nassen Weg.

Die Gefangenen gingen schwerfällig, die Köpfe gesenkt, blickten kaum einmal zur Seite. Sie wirkten erschöpft.

Vorne, hinter dem berittenen Offizier, schlurften kettenrasselnd in einigen Reihen etwa zwanzig Männer in grauen Kitteln mit großen gelben Stoffflecken auf den Rücken. Das waren die Zuchthäusler. Hinter ihnen kamen Gruppen von je acht bis zehn Männern und Frauen zu zweit. Sie gingen ohne »Klirren«, nur hin und wieder war ein leises Schaben von Eisen zu hören, leises Ächzen und leises Stöhnen. Jede dieser Gruppen hatte zwischen sich eine lange eiserne Stange, an die alle mit Handschellen angeschlossen waren.

»Wollen Durchlaucht gütigst beachten, an die Stangen da sind absolut verschiedene Menschen gefesselt. Der amtliche Ausdruck lautet übrigens nicht gefesselt, sondern ›aufgereiht‹. Die kleine Frau dort scheint alt zu sein, sieht so schwach aus, vielleicht ist sie aber noch jung, nur vor der Zeit gealtert; neben ihr geht dieser große Kerl, fast ein Riese. Und die Männer da, einer ist alt und graubärtig, der andere noch ganz jung. Sie alle sind aneinandergefesselt, die ganze Zeit, den ganzen Tag, manchmal auch in der Nacht. Stellen Durchlaucht sich vor, Frauen und Mädchen mit Männern zusammen. Sie haben doch hin und wieder ihre Notdurft zu verrichten, die kleine und die große ... Mal der eine, mal der andere, aber sie können nicht beiseite gehen, müssen auch gemeinsam schlafen.«

»Undenkbar, Fjodor Petrowitsch, absolut unausdenkbar! Eine solche Verhöhnung der menschlichen Natur.«

»Wahrhaftig, Durchlaucht, grausamste, abscheulichste Verhöhnung, nur, wie Sie sehen, sehr wohl auszudenken und zu praktizieren. Ja, praktiziert wird diese Verhöhnung von den Herren Offizieren der Inneren Wache auf besonderen Befehl Seiner Exzellenz General Diebitsch und mit Zustimmung Seiner Exzellenz Minister Sakrewskij.«

Im Hof hinter der Mauer zog die Wache auf. Der Gefängnisleiter eilte dem Generalgouverneur entgegen, salutierte und begann mit weit aufgerissenen Augen laut zu rapportieren.

Golizyn und Fjodor Petrowitsch wanderten durch die Baracken des Durchgangsgefängnisses. Gefesselte, von den Wärtern angetrieben, sputeten sich, die stinkenden hölzernen Abortkübel fortzutragen. In den halbdunklen, muffig riechenden Zellen lagen auf dem Fußboden in einer Reihe nebeneinander graublasse Männer mit zur Hälfte kahl geschorenen Köpfen, einige trugen auf Stirn und Wangen das frisch eingebrannte dunkelrote Mal D. I. E. B.

Neuankömmlinge wurden auf die Zellen verteilt, die Frauen gesondert. Die Eisenstangen lagen draußen an den Wänden.

Fürst Golizyn fragte den Chef der Wache aus, einen älteren Leutnant. Der bemerkte, daß der Generalgouverneur mit irgend etwas unzufrieden war, die Stirn runzelte, die Lippen einkniff, konnte aber nicht begreifen, was den Unmut des hohen Herrn erregte, und schickte sich an, ausführlich zu berichten. Ihm brach dabei der Schweiß aus, er zupfte an seinem dichten Schnurrbart, wölbte die Brust mit Ordenskreuz und Medaille, damit der General sehen könne, vor ihm stand ein ehemaliger Feldoffizier, keine Garnisonsratte.

»Sehr wohl, Euer Exzellenz, Euer Durchlaucht, wir haben Instruktion und Reglement, die Leute nicht von der Stange zu lassen, das ist nur auf großen Stationen gestattet, zum Beispiel hier auf den Sperlingsbergen. Aber unterwegs ist es allerstrengstens verboten. Sie werden an die Stange angeschlossen, und den Schlüssel dazu trage ich in einem Couvert auf der Brust … Nein, es ist ganz ausgeschlossen, die Frauen extra zu führen. Sie sind immer geringer an Zahl. Wollte man sie gesondert führen, würden sie ihrer schwächeren weiblichen Natur nach zurückbleiben. So aber ziehen die Männer sie mit.

Zu Befehl, Euer Durchlaucht, es besteht in bezug auf die Stange eine spezielle Anordnung: die Stärkeren, die auch gefährlicher sein können, schließen wir mit der rechten Hand an die Stange; die Schwächeren, daher weniger Gefährlichen, mit der linken … Daß man alle gleich kräftigen

Leute aneinanderreiht, ist absolut ausgeschlossen, Euer Durchlaucht. Wenn man nämlich alle starken und gesunden Verbrecher an eine Stange nimmt, könnten sie gegen die Begleitsoldaten losgehen. Aber wenn man verschiedene zusammengehen läßt, gibt es mehr Zänkereien untereinander. Es kommt vor, daß sie sich untereinander in die Haare geraten oder auch – hihihi – die Frauen so ein bißchen drücken, dann geben ihnen meine Leute hübsch Bescheid ... Diebe, Euer Durchlaucht, sind nun mal Diebe und Bösewichter, die brauchen Strenge ... Nein, Euer Durchlaucht, die Zuchthäusler gehen nicht an der Stange, da hat jeder seine eigenen Fesseln an Händen und Füßen, und jeder geht für sich. An der Stange werden nur die kleineren Diebe aufgereiht, die zu Verschickung verurteilt sind, und dann die Bauern ohne Paß und solche, die ihren Herren entlaufen sind, und auch solche, die ihr Herr mit Sibirien bestraft hat. Dazu kommen dann noch die ›Eskortierten‹, das sind Bauern, welche die Polizei auf Wunsch des Herrn in ein anderes Dorf schickt. Denn der Mushik ist unwissend, hat kein Geld, also soll er mit dem Häftlingstransport gehen ... Das kann ich nicht genau sagen, Euer Durchlaucht, aber ein paar Eskortierte haben wir in jedem Trupp, für deren Herren ist das sicherer und billiger. Gäbe der Herr dem Mushik Geld mit, könnte der es verschwenden, nicht immer in böser Absicht, nein, nur aus Dummheit und Unwissenheit, und überhaupt, er könnte auch entlaufen. Verführung lauert überall auf die Unwissenden, vor allem in den Städten, ja, und auf den großen Landstraßen auch. Bei uns an der Stange aber, da läuft keiner davon ... Wieso Qual? Was für eine Qual ist das schon, wage ich Euer Durchlaucht zu fragen. Dreimal täglich werden sie auf Staatskosten gefüttert mit Brot und Grütze und Gemüse; auf den Etappenstationen gibt es Kohlsuppe mit was Dazugekochtem. Und dann bringen mitleidige Menschen auch noch Almosen. Nackte Not, o nein, nein, die kommt bei uns überhaupt nicht vor, Euer Durchlaucht. Die Leute haben nur zu gehen, andere Sorgen kennen sie nicht; natürlich, Frechwerden gibt es nicht, das ist nicht erlaubt.

Wenn aber jemand Arbeit und Mühe hat, ich sage schon nicht Quälerei, Euer Durchlaucht, ich sage Arbeit und Mühe, dann sind es unsere Begleitsoldaten: Auf alles müssen sie aufpassen, müssen alle versorgen, müssen vor der Dunkelheit die nächste Etappe erreichen, müssen scharf Obacht geben, die Augen überall haben, denn auf Taugenichtse und verstockte Übeltäter aufzupassen, auch wenn sie in Fesseln gehen, das ist nicht leicht. Viel leichter ist es, wage ich Euer Durchlaucht zu gestehen, gegen Franzosen und Türken zu kämpfen. Da ist alles klar und verständlich, kein Nachdenken nötig. Vorne steht der Vater Kommandeur, gibt das Angriffskommando – du brauchst nur zu gehorchen, bekreuzigst dich und Säbel raus: Hurra! Und dann ins Gras gebissen oder Orden an die Brust – wie Gott es gibt.«

»Hören Sie, lieber Herr Leutnant«, griff Fjodor Petrowitsch ein, »wie ich sehe, sind Sie ein tapferer Krieger, ein verdienstvoller Offizier Seiner Majestät. Sie sagten, auf dem Schlachtfeld brauche man nicht zu denken – da ist der Vater Kommandeur, da gilt das Kommando. Das sind richtige Worte. Hier dagegen müsse man denken, habe Sorgen, große Sorgen. Auch das sind richtige Worte. Nun erlaube ich mir, Sie etwas zu fragen: Was denken Sie, warum hat ein Schwerverbrecher, ein Zuchthäusler, der gemordet und geraubt hat, hier bei euch ein leichteres Leben als ein gänzlich schuldloser Bauer, der zu seinem Herrn ins Dorf geschickt wird? Warum bestrafen Sie einen Menschen wegen eines leichten Vergehens – etwa dem Paßverlust – härter als den allerschlimmsten Missetäter? Das Gehen an der Stange ist eine schwerere Strafe als die Einzelfesselung.«

Der Leutnant und der Gefängnisleiter blickten verdutzt auf den Doktor in dem wunderlichen alten Frack, der sich erdreistete, in Gegenwart des Generalgouverneurs, ohne gefragt zu sein, so zu sprechen.

Golizyn, der mit gerunzelter Stirn dem eifrigen Leutnant zugehört hatte, nickte bestätigend zu Haass' Worten und schlug ihm freundschaftlich auf die Schulter: »In der Tat, meine Herren Offiziere, ich halte dafür, daß unser teuerster Doktor Fjodor Petrowitsch recht hat. Er ist auch der Sekretär unseres Gefangenen-Fürsorgekomitees. Diese Stange ist eine sinnlose, überflüssige Marter. Ich schlage vor, sie künftig nicht mehr zu verwenden. Ich werde unverzüglich dieserhalb an das Ministerium und an Ihren Vorgesetzten, den Corps-Kommandeur, schreiben.«

Diesen Apriltag des Jahres 1829 nannte Fjodor Petrowitsch seitdem einen der glücklichsten Tage seines Lebens. Fürst Golizyn hielt sein Versprechen, er schrieb an den Innenminister, General Sakrewskij, er halte es für absolut unangebracht, »die eiserne Stange beim Transport von Arrestanten anzuwenden ... Diese Art der Deportation ist für jene Unglücklichen überaus entkräftend. Es ist eine Sicherung, die jedes vertretbare Maß überschreitet.«

Mit diesem Brief begann ein langer, verwickelter Kanzlei- und Kompetenzkrieg.

Innenminister Sakrewskij liebte Golizyn ganz und gar nicht. Er hielt ihn für einen hochmütigen Freigeist, der sich über Befehle und Verordnungen hinwegsetzte, die Höchsten Gewalten nicht verehrte, gegen die Regeln der Subordination verstieß, Ränge und Auszeichnungen gering achtete; mit einem Wort, er hielt ihn für einen Mann, der all das gering achtete, was treu ergebenen Dienern des Vaterlandes vor allem anderen wichtig, wenn nicht gar heilig ist. Was Wunder, daß dieser Golizyn es fertigbrachte, auf Betreiben eines hergelaufenen ausländischen Quacksalbers Offizieren Befehle zu erteilen – unter Übergehung ihrer direkten Vorgesetzten.

Die Gefängnisleiter unterstanden dem Innenministerium, ebenso die Begleitkommandos bei der Ausübung ihres Wachdienstes. Die übrige Zeit befehligte sie der Corps-Kommandeur der Inneren Wache[30], General Kapzewitsch, der dem Innenministerium verantwortlich war, zugleich aber unmittelbar dem Kriegsminister Graf Tschernyschew unterstand.

Als General Kapzewitsch von der »selbstherrlichen, verordnungswidrigen« Abschaffung der Stange erfuhr, geriet er noch mehr in Rage als Sakrewskij.

Golizyn war ein vornehmer Magnat, den der Zar höchstselbst schätzte und achtete. Seine Widersacher konnten ihm weder im Rang noch an Einfluß das Wasser reichen. Dafür waren sie verschlagener, beherrschten die Kunst des Behördenkleinkriegs, kannten ihre Untergebenen besser. Und sie waren felsenfest davon überzeugt, daß keineswegs der höchsten Ortes einflußreiche, aber eigenwillige Liberale Golizyn, sondern sie – die erfahrenen Heerführer, verdienstvollen Administratoren, Hüter der Gesetze und Verordnungen – der Regierungsmacht die besseren Dienste leisteten.

Die heftigsten Gefechte im Papierkrieg »um die Stange«

führte General Kapzewitsch mit voller Billigung und Unterstützung des Innenministers Sakrewskij und des Kriegsministers Tschernyschew. Sakrewskij ließ aus Kapzewitschs Rapporten und Briefen, aus seinen detaillierten offiziellen Berichten und seinen leidenschaftlichen, zornigen Episteln durch seine Beamten entsprechende Schriftstücke zusammenstellen, die er sowohl den Petersburger Ministern wie auch Golizyn zusandte. In seinen Kommentaren zu diesen Schreiben hob Sakrewskij nachdrücklich die Verdienste und weithin bekannten Qualitäten des Generals Kapzewitsch hervor. Damit wollte er die Notwendigkeit der »Eskortierung von Arrestanten an der Stange« überzeugend bekräftigen, die 1825 auf ausdrücklichen Befehl des Generals Diebitsch eingeführt worden war.

Kapzewitsch war bekannt als uneigennütziger, eifriger Anhänger der alten »Gattschina-Schule«[31]. Als tapferer, fähiger Heerführer war er für seine Verdienste in den Schlachten bei Borodino und Leipzig hoch dekoriert worden. Seine Untergebenen fürchteten ihn, schätzten ihn aber auch und liebten ihn sogar. Sie sagten von ihm: »Streng ist er, aber gerecht; den Soldaten ist er wie ein leiblicher Vater; selbst sorgt er dafür, daß sie ordentlich zu essen kriegen, dem Wetter entsprechend bekleidet sind, daß Kranke und Schwache die beste Pflege bekommen; aber Ungehorsame, Nachlässige, Händelsüchtige bestraft er streng; wer auch nur die allerkleinste Regel verletzt, der kann was erleben!«

Daß Kapzewitsch ein gutes Herz besaß, hatte sich auch gezeigt, als er Generalgouverneur von Sibirien war. Damals erwies er den deportierten Dekabristen alle nur erdenklichen Wohltaten und half deren Frauen und Kindern, wo er konnte.

Doch jetzt, nachdem er Kommandeur der Inneren Wache geworden war, beklagten sich die Dekabristen bitter, daß er sie noch viel strenger behandelte als sein Vorgänger in diesem Amt. Die Herren Deportierten wollten einfach nicht begreifen, daß er immer und allezeit im Dienst war. Als Generalgouverneur durfte er sein Herz sprechen lassen. Es gab keinerlei gesetzliche Bestimmungen, die einem Generalgouverneur untersagten, sich der Bewohner seines Gouvernements huldreich anzunehmen, seien es Deportierte oder Kranke.

Auch Fürst Golizyn läßt Milde walten, *schrieb der General,* aber keineswegs bei den ihm anvertrauten Bewohnern der Stadt Moskau, sondern bei zu eskortierenden Arrestanten, die nicht im geringsten seiner Amtsgewalt unterstehen. Der Kommandeur der Inneren Wache aber hat besonders streng auf Ordnung zu halten, sie peinlichst zu hüten. Das ist sehr viel schwerer als im Krieg oder in der Kaserne. Dort sind die Einheiten überschaubar. Man erteilt einen Befehl und der wird ausgeführt. Punktum. Die Innere Wache aber ist für ganz Rußland da, ist über das ganze weite Rußland verteilt: eine Kompanie liegt in Petersburg, eine andere in Moskau, die dritte an der Wolga, die vierte am Jenissej ... von Etappe zu Etappe über Tausende von Werst. Da heißt es achtgeben, da muß das strengstmögliche Statut herrschen.

Kapzewitsch schrieb aus ehrlicher Überzeugung:

Die Versorgung der Verbrecher ist im Verhältnis zu der der Begleitsoldaten, man darf sagen, luxuriös. Für die Gefangenen sind Fürsorgekomitees eingerichtet, die unermüdlich auf die Verbesserung ihrer Lebensbedingungen bedacht sind; aber an die Soldaten, die sie zu bewachen und zu eskortieren haben, denkt niemand, die hat man vergessen...

... Werden die Gefangenen nicht mehr an der Kette aufgereiht, dann können sie ungehindert fliehen, denn es ist den Soldaten – mit Rücksicht auf die Begrenztheit ihrer Vernunft – verboten, von der Waffe Gebrauch zu machen. Infolgedessen bleibt die Flucht des Verbrechers ungeahndet. Die Begleitmannschaften aber verlieren alles: den ehrenvollen Abschied, die Auszeichnungen für ihr im Kriege vergossenes Blut, die Tressen am Rock – statt dessen werden sie mit Knutenschlägen bestraft.

Der Behördenkrieg zog sich über mehrere Jahre hin. Kapzewitsch lenkte schließlich ein wenig ein und empfahl, die eiserne Stange durch eine gewöhnliche »biegsame« Kette zu ersetzen. Die Kette würde die Bewegungsmöglichkeiten der Angeschlossenen weniger beeinträchtigen.

Haass wies nach, daß eine Kette keine wirkliche Erleichterung bedeutete und nichts daran änderte, daß das Zusammenketten von Menschen verschiedener Körperbeschaffenheit eine grausame Tortur darstellte.

Zweimal wöchentlich verließ ein Transport von Zuchthäuslern, Verbannten und Eskortierten Moskau auf der Straße nach Wladimir in Richtung Nordosten. Zu jedem Trupp gehörten hundert, manchmal auch hundertfünfzig »Nicht-Häftlinge« – Frauen und Kinder, manchmal auch alte Eltern von Gefangenen, die ihren Angehörigen nach Sibirien folgten. Sie erhielten keine staatliche Verpflegung und Bekleidung (Kittel und Schuhe) und mußten sich auf den Raststationen selber um Unterkunft kümmern.

Fjodor Petrowitsch verabschiedete jeden Transport, befragte jeden einzelnen nach seiner Gesundheit, wählte Kranke und Schwache aus, wies sie ins Gefängniskrankenhaus ein. Auch manche Gesunden behielt er zurück, solche nämlich, die auf ihre ihnen in die Verbannung folgenden Angehörigen warteten. In Moskau war es noch möglich, sich dem betreffenden Transport anzuschließen. Auf dem endlos weiten Weg nach Sibirien war es schwer, sich zu finden; überdies wurde die Erlaubnis, einem Strafgefangenen zu folgen, unterwegs fast nie gegeben. Nur ein hoher Vorgesetzter in Moskau konnte sie erteilen.

Die Gefängnis- und Polizeibeamten sowie die Konvoi-Offiziere störte, ärgerte und verwirrte das ständige Eingreifen des hartnäckigen, aufdringlichen deutschen Doktors. Sie wußten nicht, wie sie mit ihm umgehen sollten. Es war ihnen bekannt, daß ihre direkten Vorgesetzten Haass nicht mochten, mißvergnügt über ihn spotteten. Aber ebenso bekannt war ihnen, daß viele große Moskauer Herren und sogar der Fürst Golizyn persönlich ihn hoch schätzten. Zudem führte er den Titel Hofrat und trug ein Ordenskreuz am Revers. Er war wohl so etwas wie ein Gottgesegneter, ein Gottesnarr; und Leute, die es wissen mußten, sagten: »Als Arzt ist er eine große Kapazität, heilt jedes Gebrechen.«

Auf Verlangen Golizyns war in Moskau die Stange abgeschafft worden, in anderen Städten wurde sie indessen weiterhin verwendet. Jeweils sechs oder acht Häftlinge wurden zu zweit rechts und links an eine Stange gefesselt. Innenminister Sakrewskij und General Kapzewitsch drangen darauf, die Stange beziehungsweise eine gemeinsame Kette auch in Moskau einzuführen, und hatten schließlich Erfolg.

Haass flehte und diskutierte vergebens. Auch Golizyns ausführliche, erläuternde Schriftsätze an Minister, Senatoren, an den Zaren höchstpersönlich fruchteten nichts. Die Kapzewitsch-Ketten wurden angefertigt, sollten die Stange ersetzen, linderten aber die Qualen der Aneinandergefesselten nur wenig. Überdies gab es noch auf Jahre hinaus nicht genug dieser Kapzewitsch-Ketten. Nach wie vor mußten Hunderte und Tausende von Deportierten und wegen »leichter Vergehen Eskortierten« an der Stange gehen. Voller Neid blickten sie auf die Zuchthäusler; jeder von ihnen durfte in »seinen« Fesseln gehen.

Fjodor Petrowitsch konnte sich damit nicht abfinden und sandte schließlich einen herzbewegenden Bittbrief an Kronprinzessin Elisabeth von Preußen. Haass beschrieb die durch die Stange verursachten Qualen genauestens und bat die Kronprinzessin und ihren Gatten Friedrich Wilhelm, dem kaiserlichen Schwager in Petersburg von diesen Dingen Mitteilung zu machen, weil nachlässige Beamte ihm die Nöte seiner Untertanen verheimlichten.

Eine Antwort erhielt Fjodor Petrowitsch nicht. Aber Gerüchte über diesen Brief drangen bis nach Moskau, und Fürst Golizyn machte Haass deshalb ernsthaft, halb im Scherz Vorwürfe wegen des präzedenzlosen »Umgehungsmanövers« in diesem Kanzleikrieg.

Erst zehn Jahre später wurden Stange und Kapzewitsch-Kette endgültig abgeschafft.

Auf den monatlichen Komitee-Sitzungen referierte Fjodor Petrowitsch über alles, was er in den Gefängnissen, den Gefängnislazaretten und bei der Abfertigung von Häftlingsgruppen beobachtete und erlebte. Er gab Rechenschaft über die vom Fürsorgekomitee bewilligten Gelder zur Ausstattung der Lazarette. Das Geld reichte nie. Haass schoß eigene Mittel zu, die ihm niemals zurückerstattet wurden.

Mit den Buchhaltern und den Kassierern konnte er es nicht aufnehmen. Das verschmitzte Grinsen der Beamten, die nicht im mindesten daran zweifelten, daß auch er falsches Spiel triebe, um sich aus dem staatlichen Wohltätigkeitsfonds zusätzliche Einnahmen zu verschaffen, brachte ihn schier zur Verzweiflung. Anfänglich wurde er zornig, brauste auf, schalt, suchte zu beweisen ... Dabei hatte er einen schlechten Stand, denn noch immer war eine Zivilklage des Medizinischen Comptoirs gegen ihn anhängig. Darin wurde er beschuldigt, er habe als Stadt-Physikus »unrechtmäßig 1502 Rubel für die Renovierung des Apothekendepots ausgegeben, die in den Dispositionen und Kostenvoranschlägen nicht vorgesehen gewesen waren«. Allen Beamten des Medizinischen Comptoirs war bekannt, daß die Renovierung unbedingt notwendig gewesen war – durch die Nässe in den halbverfallenen Baulichkeiten waren wertvolle Medikamente verdorben. Alle, die mit dieser Renovierung und mit einigen anderen baulichen Verbesserungen in den Krankenhäusern zu tun hatten, wußten, daß diese 1502 Rubel nur einen Teilbetrag dessen ausmachten, was Haass aus seiner Privatschatulle beigesteuert hatte. Doch der Prozeß zog sich endlos hin, immer neue und neue Erklärungen und Rechtfertigungen wurden Haass abverlangt. Erst 1845 erklärte die oberste Behörde in Petersburg, daß die von Doktor Haass im Jahre 1825 getätigten Ausgaben rechtens und sein Wirken im Amt des Stadt-Physikus »vollkommen recht- und gesetzmäßig« gewesen seien. Auf Vorschlag des Generalgouverneurs ernannte das Gefangenen-Fürsorgekomitee Fjodor Petrowitsch zum leitenden Arzt der Moskauer Gefängnisse.

Haass schrieb daraufhin einen Dankesbrief an Fürst Golizyn, der mit den Worten schloß: »Simplement et pleinement je me rends à la vocation de membre du comité des prisons.« Auf den Komitee-Sitzungen begnügte sich der Doktor nicht damit, einfach zu berichten, was in den Gefängnissen vorging und was seiner Meinung nach unbedingt abgeändert werden müßte, er erklärte und redete eindringlich auf die Komitee-Mitglieder ein – Beamte, Geistliche, Ärzte, Kaufleute, Universitätsprofessoren –, sie müßten sich in ihrem Wirken von religiösen und wissenschaftlichen, von rechtlichen und moralischen Prinzipien leiten lassen.

»... Verfehlungen, die von verschiedenen Menschen begangen werden, haben verschiedene Ursachen. Sie liegen durchaus nicht immer in angeborener, verbrecherischer Veranlagung; diese kommt überhaupt höchst selten vor. Sie werden auch nur selten aus habgierigen und anderen bösen Instinkten begangen. Die Ursache der meisten Verbrechen ist Unglück und eine unglückliche Verkettung von Umständen, in welchen der Satan Gewissen und Vernunft eines Menschen in seine Gewalt bekommt, eines Menschen, dessen Seele von Zorn, Eifersucht, Rachedurst, Kränkung oder anhaltendem Unglück erschöpft ist, eines Menschen, den Ungerechtigkeit, Erniedrigung, Armut verfolgt. Eine solche Erschöpfung der Seele ist weit gefährlicher als ein spontaner Ausbruch unbeherrschter Leidenschaft. Auch liegt nicht wenigen Verbrechen Krankheit zugrunde – sichtbare oder verborgene, körperliche oder seelische Krankheit. Sie unterdrückt die guten und weckt arglistig die schlechten Eigenschaften des Menschen, verblendet und schwächt ihn so, daß er ein willfähriges Werkzeug in den Händen des Satans wird und unfreiwillig die Befehle des Teufels vollstreckt.

Krankheiten können zwar Ursachen von Verbrechen sein, aber noch häufiger sind sie deren Folge. Der Sträfling, seelisch niedergedrückt von der Erkenntnis seiner Sünde, ist körperlich gebrochen durch die strenge Strafe – Knutenschläge, Brandmale im Gesicht –, durch Fesseln, Hunger und all die Bedrängnisse des Gefangenenlebens. So fällt er jeder beliebigen Krankheit leicht zum Opfer. Es ist daher überaus wichtig, klar zu erkennen, daß zwischen Verbrechen, Unglück und Krankheit eine unauflösliche, immerwährende Beziehung besteht.

Tugendhafte, wohlangesehene, gesunde Menschen sollten dieser traurigen Beziehung stets eingedenk sein. Unabdingbar ist ein gerechtes, unnötige Grausamkeit vermeidendes Verhalten dem Schuldigen gegenüber, tätiges Mitleid mit den Unglücklichen und Pflege der Kranken.«

Man hörte ihm aufmerksam zu. Fürst Golizyn nickte zustimmend. Metropolit Filaret saß unbeweglich, die dünnen Lippen fest zusammengepreßt.

Im Anschluß an seinen Vortrag verlas Fjodor Petrowitsch die Liste der vom Komitee gefaßten Beschlüsse:

Gesuch an das Ministerium, die Hand- und Fußschellen mit Leder oder Wollstoff zu umkleiden, damit die Eisenringe bei Frost und Hitze nicht Gelenke und Unterschenkel wundreiben.

Anordnung zum Umbau der Aborte in den Durchgangsgefängnissen in für Männer und Frauen getrennte Räume. Einrichtung zusätzlicher Krankensäle.

Bewilligung der von Doktor Haass als erforderlich nachgewiesenen Summe für Ausrüstung und Arzneien.

Mindestens drei Tage in der Woche widmete Fjodor Petrowitsch sich ausschließlich den Sträflingen, die übrigen Tage, oft auch Nächte, gehörten seinen anderen Patienten.

Über das Alte Katharinen-Hospital gab es eine Diskussion zwischen Fjodor Petrowitsch und seinem jungen deutschen Kollegen Andreas Pohl, den die russischen Kollegen Andrej Iwanowitsch nannten.

Pohl beklagte den Mangel an erfahrenen und geschickten

Ärzten in Rußland. Um die dringend benötigten jungen Kräfte gut auszubilden, genüge es nicht, daß die Studenten medizinische Vorlesungen hörten und in der Anatomie die Augen aufsperrten. Sie müßten in der Praxis lernen, müßten mit den Feldscheren und Sanitätern zusammen die Kranken betreuen.

Das Alte Katharinen-Hospital war in einem miserablen Zustand. Katharina die Große hatte es gegründet, als 1770 die Pest in Moskau zu wüten begann. Ein halbes Jahrhundert später gelang es Fjodor Petrowitsch während seiner Amtszeit als Stadt-Physikus, das Krankenhaus ein wenig zu vergrößern, dies und jenes instand setzen zu lassen und andere Verbesserungen zu erreichen. Seitdem war es wieder vernachlässigt worden, denn es diente vorwiegend als Krankenhaus für die arme Bevölkerung. Hier viel zu investieren, hielten das Medizinische Comptoir in Moskau und die Petersburger Ministerialbeamten für überflüssig.

Patienten aber gab es im Überfluß: die Ärmsten der Armen, viele von ihnen hoffnungslos krank. Für sie wollten die zuständigen Instanzen kein Geld verschwenden. Sie gaben es lieber, und das ohne zu geizen, dem Neuen Katharinen-Krankenhaus. Dort wurde eben eine Universitätsklinik gebaut mit nur hundert bis hundertfünfzig Betten und ausgewählten Patienten, damit die Studenten die verschiedenen Krankheitsabläufe beobachten und aus ihnen lernen könnten.

Von diesem Projekt erzählte Andreas Pohl dem älteren Kollegen begeistert und setzte hinzu:

»Ich will alle Patienten tadelsfrei und gewissenhaft behandeln: arme und reiche Leute, leichte und schwere Fälle und mit besonderer Sorgfalt die hoffnungslosen. Nie, und sei es auch nur für einen einzigen Augenblick, werde ich unseren Äskulap-Eid vergessen. Aber wir haben eine Entscheidung zu treffen, sind dazu gezwungen. Entweder schaffen wir ein vorbildliches Krankenhaus mit wenig Betten, das gleicherweise, je nach ihrer Krankheit, Reichen und Armen offen steht, aber eben ein vorbildliches, in dem die Medizinstudenten wirklich lernen können. Oder wir arbeiten einzig und allein für die akut Erkrankten, nehmen unterschiedslos jeden auf, einerlei, ob er Fieber hat, eitrige Wunden oder Tuberkulose im letzten Stadium, und legen alle nebeneinander auf Betten, Pritschen, auf den Fußboden, waten in den überfüllten Krankensälen Tag und Nacht durch Blut, Schmutz, Gestank, halb verrückt vor Müdigkeit. Und was wird dabei aus den Studenten? Wer wird unsere künftigen Ärzte lehren und unterweisen, die uns einmal ersetzen sollen? Einer Arbeitslast, wie wir sie hier haben, das wissen Sie als Arzt genau, hält keiner lange stand. Wen bereiten Sie auf Ihre Nachfolge vor? Im Armenkrankenhaus – Sie haben es selbst einen Kreis aus Dantes Hölle genannt – können angehende Mediziner nur vor Ekel und Entsetzen krank werden und den Arztberuf an den Nagel hängen.«

»Mit dem Verstand betrachtet, lieber Pohl, haben Sie womöglich Recht, sehr wahrscheinlich sogar. Ich bezweifle auch Ihren Edelsinn nicht, und ich ästimiere Ihre sittlichen Überzeugungen nicht weniger als Ihr ärztliches Können und Ihre klare Vernunft. Aber ich bin nun schon über fünfzig, lebe länger als ein halbes Jahrhundert und kann mich nicht mehr ändern. Mein bescheidener Verstand gehorcht immer und in allem meinem Herzen. Vor allem anderen bin ich Christ, danach erst Arzt. Ich möchte es noch genauer ausdrücken: Ich wurde Arzt, weil ich Christ bin und darum der Eingebung meines Herzens und dem Befehl der Liebe gehorche. Ja, mein Herr, jener christlichen Liebe, von welcher der Apostel sagt, sie ist größer als Glaube und Hoffnung. Mein Verstand folgt meinem Herzen, ohne je zu schwanken.

Nächstenliebe des Arztes ist vor allem anderen Liebe zu den Leidenden, den Unglücklichen, den Schwerkranken. Wer braucht unsere Liebe mehr als sie? Für die Gesunden, Wohlhabend-Satten – sie liebe ich natürlich auch, und ich helfe ihnen ebenso, wenn sie mich brauchen – für sie ist unsere Liebe wie das Dessert nach einem guten Mittagessen. Aber für die Hilflosen, die Armen ist unsere Liebe lebensnotwendiges Brot, das den Hunger stillt. Und oft ist sie die einzige Rettung vor Leid und Tod ... Aber nein, nein, ich will Ihnen doch keine Vorwürfe machen, keineswegs, wo denken Sie hin?! Ich respektiere vorbehaltlos Ihren so inständigen Wunsch, neue Ärzte auszubilden, neue Heilmittel zu erproben. Neulich erst sprachen Sie von Ihrem Streben, unsere Wissenschaft weiterzuentwickeln, sie stetig zu vervollkommnen. Das sind herrliche Aufgaben. Ich bete dafür, daß sie Ihnen gelingen mögen. Aber meine Aufgabe ist eine andere, mein mir zugemessener Teil ist ein anderer. Und ich glaube, daß eine Aufteilung der Wissenschaftszweige und Arbeitsgebiete naturgegeben und darum richtig ist. Das uns vorangegangene Jahrhundert verlangte vom Arzt, sich mit allen nur erdenklichen Krankheiten auszukennen. Er mußte operieren, Knochen richten, Augen, Ohren und alle inneren Organe kurieren. Doch im Laufe der Zeit haben sich verschiedene Spezialzweige entwickelt. Ich zum Beispiel war ursprünglich Augenarzt, aber während des Krieges blieb mir gar nichts anderes übrig, als meine Pflicht auch als Chirurg zu tun. Heute würde ich es nicht mehr wagen, ein Skalpell in die Hand zu nehmen.

So werden wir unsere Arbeitsgebiete also aufteilen. Sie nehmen das Neue Katharinen-Krankenhaus, wählen jene Patienten aus, die für Sie und Ihre Studenten lehrreich sind, und ich bleibe bei meinen Armen. Ich glaube, so können wir einander helfen und unseren Patienten auch.«

VI. Cholera

Im Aufnahmeraum des Alten Katharinen-Hospitals saßen auf den breiten Bänken, die ringsum an den Wänden standen, einige Ärzte. Der Tag ging zur Neige, Dämmerung verdichtete sich. Ein Sanitäter zündete auf den Fensterbänken und auf dem Tisch Kerzen an.

Ein älterer Arzt in recht abgetragenem grünem Frack und unansehnlichem Jabot, einen Stock zwischen den breit auseinandergestellten Knien, mit dem er gleichmäßig auf die Dielen klopfte, sagte, ohne jemanden von den Anwesenden anzusehen:

»Nein, liebwerte Kollegen, hier nützt keine Sophisterei mehr. Hier sind wir mit all unserer Wissenschaft am Ende ... Jaaa-wohl, sie ist zu Staub zerfallen. Es nahen sich uns Nöte und Plagen, die keiner je erfahren und erlebt hat. Es ist hohe Zeit, die Offenbarung Johanni zu lesen, nicht aber, sich mit irgendwelchen Gazetten, Journalen und gelehrten medizinischen Abhandlungen zu befassen ... Mit Verlaub, Fjodor Petrowitsch, hier gibt es nichts zu schmunzeln; ich weiß, was für ein glänzender Bibelkenner Sie sind. Und dennoch werden Sie mir nicht sagen können, was in der Heiligen Schrift über die Cholera, über die rebellischen Franzosen, diese Pariser Räuber, geschrieben steht.«

»Lieber Kollege, von diesen Gegenständen ist ganz gewiß nichts in der Heiligen Schrift zu lesen.«

»Darin irren Sie, mein Herr. Ja-a, es steht geschrieben: Wer Ohren hat, der höre: ›Sie ist gefallen, Babylon, die große Hure, und eine Behausung des Teufels worden und ein Behältnis aller unreinen Geister ... Und die Könige auf Erden haben mit ihr Hurerei getrieben, und die Kaufleute auf Erden sind reich worden von ihrer großen Wollust.‹ Das eben hat der Prophet in Wahrheit über das gottverfluchte Paris gesagt.«

»Gott mit Ihnen, mein Lieber, Sie zitierten uns die Worte der Offenbarung. Es sind die geheiligten Worte des Apostels Johannes über das Ende der Welt, über den Jüngsten Tag, wenn das Ende des Tieres und des falschen Propheten hereinbricht. Dann wird der Himmel sich auftun, und der Herr wird richten über die Lebendigen und die Toten. Das ist die große Prophezeiung des Propheten. Sie aber sprechen von der Pariser Rebellion. Diese Revolte ist niedrig und gemein; und eben deshalb ist sie gering vor dem hohen Wort der Offenbarung: Dort ist das Tier mit den sieben Köpfen und zehn Hörnern, ein schrecklicher und sehr tückischer Teufel. In Paris aber agieren nur mindere Teufelchen: Advokaten-Schwätzer, arme unwissende Arbeiter und der dumme Herzog von Orléans. Das ist etwas ganz anderes. Und welche Beziehung soll das alles zur Cholera haben, einer asiatischen Krankheit?«

»Zwischen beidem besteht sehr wohl eine Beziehung. Ja-a, mein Herr. Sie, mit Verlaub, urteilen mit dem Verstand. Aber unser Menschenverstand ist arm und schwach vor der Macht der göttlichen Strafe. In der Offenbarung heißt es: ›Und ich sah ein fahl Pferd; und der drauf saß, des Name hieß Tod, und die Hölle folgete ihm nach. Und ihnen ward Macht gegeben, zu töten das vierte Teil der Erde mit dem Schwert und dem Hunger und mit dem Tod ...‹

›Mit dem Tod‹! Hören Sie? Das ist die Cholera. Aber Paris, das ist die neue Hure Babylon, und es buhlen mit ihr Kaiser und Kaufleute dieser Erde. Gott sei Lob und Dank, daß unser Zar alle Versuchungen dieser neuen französischen Usurpatoren zurückgewiesen hat. Doch der Menschenfeind ist schlau, er hat Rußland ein anderes Ende zugedacht und vorbereitet – die Cholera: ›das fahl Pferd‹, und des Reiters ›Name heißt Tod‹.

Und Sie meinen, Sie könnten ihn mit Ihren Fontanell-Klistieren besiegen, mit heißen Umschlägen und Mixturen. Und wie und womit wollen Sie die Franzosen abwehren? Wollen Sie etwa die Kosaken auf den ihnen schon bekannten Wegen nach Paris hetzen und dort womöglich wieder den König einsetzen, Seine Majestät Charles X.? Wollen Sie das ernstlich empfehlen? Das Märchen ist rasch erzählt. Der verehrenswerte Andrej Iwanowitsch Pohl geruht ebenfalls so zu denken wie Sie. Und das alles bloß, weil Sie Deutsche sind. Ich bitte ergebenst, verübeln Sie mir mein offenes Wort nicht. Ich bin ein alter aufrechter Mann, ich sage auch Ihren Exzellenzen – den Grafen und hohen Würdenträgern –, was ich denke, halte nicht hinter dem Berge, lege alles offen an den Tag. Sie sind in Ihrem Europa daran gewöhnt, alles auszuzählen, abzumessen, auszuwiegen, alles nach Pandekten und Rezepturen. Welche Krankheit, welches Gebrechen auch vorkommt, Sie kennen es im vorhinein: ein Quentchen von diesem, eine Unze von dem, eine Prise von jenem. Hier heiße Umschläge, da Einreibungen. Stirbt der arme Tropf, ist's Gottes Wille.

Wir aber kurieren, wie es sich gehört. Wird der Kranke gesund, dann ist es unser Verdienst, uns gebührt die Ehre und der Ruhm.

Sie schicken sich an, auch die Cholera auf Ihre Art zu bekämpfen: Wannenbäder, Bürsten, Bastwische. Aber ich sage Ihnen, verehrte Herren und Kollegen, das alles sind nichtsnutzige Spielereien zur eigenen Beruhigung. Cholera hat es, solange ich lebe, in Rußland nicht gegeben. Pest gab es und auch schwarze Blattern. Mein Großvater starb in Moskau an der Pest, das war vor sechzig Jahren unter der Zarin Katharina. Damals hat hier der Graf Grigorij Orlow die Pest bekämpft. Kühn hat er sie bekämpft. Befahl sofort, das Volk auseinanderzutreiben, damit die Leute sich nicht berührten. Sammelte sich irgendwo ein Häuflein an, ließ er geradewegs hineinschießen. Sogar auf die Beter bei der Kapelle der Iberischen Gottesmutter hat er schießen lassen. Bei dieser gräflichen Methode kamen viele um, viele wurden zu Krüppeln geschossen. Die Pest focht das nicht an. Sie widerstand den Kugeln. Ja-a, von der Pest ist bekannt, daß sie ansteckt, von Mensch zu Mensch springt. Und wie retteten sich unsere Väter und Großväter vor ihr? Durch geweihtes Wasser, Feuer und Dampf, sie räucherten mit Pech, und wer konnte, machte sich aus Moskau auf und davon, um die pestverseuchte Luft nicht einzuatmen.

Aber von der Cholera ist nichts bekannt. Die einen sagen, sie steckt an – genau wie die Pest, wird durch den Atem übertragen; andere behaupten, sie hocke im Vieh und im Wasser. Zu uns jedenfalls kam sie die Wolga herauf, im Frühling tauchte sie in Astrachan auf, im Sommer, genau in den Tagen, als die Revoluzzer in Paris den König verjagten, erschien sie schon in Kasan, danach in Nishnij Nowgorod. Von dort schlich sie zur Oka, und jetzt ist sie über den Moskwa-Fluß direkt unterm Kreml angekommen. Ich habe gehört, daß cholerakranke Vögel und cholerakranke Ratten die Infektionsträger sein sollen, und wenn die Cholera erst einen Menschen würge, dann sei er ansteckender als alle Ratten und Vögel ...

Ich weiß, ich weiß, das ist barer Unsinn. Ich weiß aber nicht, was man darauf entgegnen soll, auch nicht, wie man der Krankheit begegnen kann. Ich weiß nicht, wie und womit ein Cholera-Kranker zu behandeln ist. Ich bekenne ehrlich, ich fürchte mich und habe selber Angst.

Fuchteln Sie nicht so mit den Armen herum, Fjodor Petrowitsch, lassen Sie das, Verehrtester, sonst reißt Ihnen Ihr Frack am Ende noch in den Achselnähten.

Ich spreche ehrlich, verheimliche nichts. Ich fürchte mich, weil ich die Strafe Gottes erkenne, weil ich den Zorn des Herrn spüre; ihn zu begreifen, ist uns nicht gegeben. Wir haben nicht die Kraft, ihn zu dämpfen, ihn zu besänftigen. Urteilen Sie selbst, meine Herren, wenn Sie auch deutschen Stammes sind, so leben Sie, Gott Lob, schon seit Jahren unter uns, sollten also begreifen: Die Pest kam weiland auch die Wolga herauf und schlich von dort zur Moskwa. Und damals begannen dann auch bald die Kosakenaufstände. Pugatschow hatte sie angezettelt. Er war schrecklicher als die Pest, durchstürmte Städte und Dörfer, bis man ihn endlich zur Strecke brachte.

Und jetzt? Noch ist die Cholera erst auf dem Wege zu uns. Die Rebellion bei den Franzosen hat gerade eben begonnen. Und bei uns herrscht Unruhe in vielen Gouvernements. Die Polen knurren und murren, in den Militärsiedlungen wurde wieder rebelliert. Die Bauern, von Aufwieglern aufgehetzt, erheben sich bald da, bald dort gegen ihre Herren. Überall Schrecken und Entsetzen, Furcht und Zittern! Kaum ist es Moskau gelungen, sich von der französischen Invasion und von dem Großen Brande zu erholen, und nun, mit Verlaub, muß man statt Kirchen und Paläste, statt Häuser für die friedlichen Bürger zu bauen, für Quarantäne sorgen, Krankenhäuser und Gefängnisse für allerlei Gesindel einrichten. Nicht Gärten und Parks werden angelegt, sondern Friedhöfe.

Wirklich, das ist die Apokalypse; es ist der Jüngste Tag.«

Im Herbst 1830 begannen reiche Adlige und Fabrikbesitzer, Moskau zu verlassen.

Der Generalgouverneur berief den Großen Rat ein; er bestand aus dem Metropoliten Filaret, Senatoren, Ärzten, Zivil- und Polizeibeamten, Militärs und Großkaufleuten.

Der Garnisonkommandeur gab einen Rapport über die Quarantänewachen rings um die Stadt an allen Ausfallstraßen. Militär und Polizei sollten die ehrwürdige Hauptstadt vor der asiatischen Epidemie schützen. Moskau wurde in zwanzig Bezirke gegliedert mit je einem sonderbevollmächtigten Senator, einem Polizeichef, einem Arzt und einem Isolierkrankenhaus.

Der Leiter des Medizinischen Comptoirs sowie einige Ärzte betonten die Notwendigkeit einer strengen Kontrolle der Märkte und der Läden, um den Kontakt der Bevölkerung mit Auswärtigen sowie die Berührung untereinander auf ein Minimum zu beschränken. Die Cholera sei ansteckend und werde von Mensch zu Mensch übertragen. Haass widersprach:

»Nein, verehrte Herren, ich kann hier nicht zustimmen. Die Cholera ist eine epidemische Krankheit, aber nicht in der Weise wie die Pest. Sie entsteht durch unsauberes Wasser und unsaubere Luft. Wie dies zustande kommt, welche Teufelskräfte die Cholera in die Flüsse geleitet haben, wissen wir nicht. Die Krankheit ist gefährlich. Aber man darf die Bevölkerung nicht so erschrecken, sie nicht der Angst und dem Grauen ausliefern. Cholera ist heilbar, wie die medizinische Wissenschaft bewiesen hat. Unbekannt ist jedoch noch, warum heiße Bäder, Heilkräuter, Ruhe und Sauberkeit den einen Erkrankten genesen lassen, ein anderer aber trotz dieser Behandlung stirbt. Unbekannt ist auch, warum diese Krankheit so verschiedene Folgen hat. Notwendig ist, alle Erkrankten zu behandeln, selber zu hoffen und in den Erkrankten Hoffnung zu wecken.«

Am 27. September (9. Oktober) 1830 schrieb Wilhelmine Haass an ihre Schwester Lischen in Köln:

Schon seit einem Monat gieng das Gerücht daß die tödtliche Krankheit Cholera morbus genannt, die diesen Sommer in Astrachan, anfangs Sept. in Saratoff sehr regiert hat, sich auch wohl über Moscou her ziehen könnte. Die Ärtzte glaubten für dies Jahr sey nichts zu befürchten, weil doch der Winter vor der Thür sey, und diese Krankheit bey herannahender Kälte sich verliert.

Die Ärtzte haben sich getäuscht und die Krankheit ist leider in der

Stadt, welches so einen allarme gemacht hat, daß die welche die Mittel hatten, die Stadt verlassen haben. Benahe alle Fabriken stehen still, entweder giengen die Arbeiter von selbst oder sie wurden weggeschickt. Mehr als 30tausend Arbeiter sollen die Stadt verlassen haben. Vor 8 Tagen fieng man an die Stadt zu sperren und quarantaine zu machen. Man hat dieselbe wieder aufgegeben, weil die meisten Ärzte versicherten die Cholera morbus sey jetzt epidemisch aber nicht ansteckend. Dieser Meynung ist besonders Fritz; er findet aber vielen Widerspruch, besondern jetzt wo die Krankheit sich mehr ausbreitet. Sonntag, d. 19. Sept. war die erste Sitzung eines großen medicinischen Conseil, wo der Erzbischof, der Generalgouv., 12 Senatoren, 10 Ärtzte, Kaufleuthe etc. zugegen waren. Täglich hat das Conseil der Ärtzte statt. Aus dem Vielen was ich abschreibe, welches F. Meynung ist die er schriftlich eingibt, sehe ich daß F. immer behaubtet die Cholera morbus sey nicht ansteckend. Er hat die 3 ersten damit befallenen Kranken behandelt, verbunden, angetastet ohne die geringste Vorsichtsmaßregel zu nehmen, und ist gleich von den Kranken ins große Conseil gegangen, wo er ja der ganzen Versammlung der gefährlichste Mensch würde gewesen seyn; aber wie ich höre hat er viel Widerspruch ... F. war schon wie in Cronsdiensten angesehen, da er der Artzt der nach Sibirien verwiesenen Gefangenen ist, derer er sich mit bewunderungswürdigem Eifer und Ausdauer annimmt; jedoch hat er aus freien Willen noch ein Spital übernohmen, wo er unermüdet arbeitet, ohne alle Vorsicht, als die der Göttlichen die ihn beschützen wolle ...

Moscou am 30. September (12. Oktober)

Also heute schicke ich diesen Brief ab den ich vor 8 Tagen schon bereit hielte, noch damit zögerte, hoffend etwas beruhigenderes über unsere Lage wegen der Cholera morbus melden zu können. Aber dies ist leider nicht der Fall, und die Krankheit nimmt zu, und überfällt plötzlich tödlich. Seit gestern hat mich die Angst recht ergriffen, und ich sagte diesen Morgen zu Fritz, daß man auch mit jedem Tage seine Todes Stunde zu erwarten habe.

Ja, sagte er, ganz sicher, denn es ist schrecklich mit dieser Krankheit. F. war selbst nicht wohl vorgestern u. gestern, doch mußte er aus, denn jetzt ist für den Artzt kein bleiben. Sonntag Morgen 5 Uhr wurde er gerufen; ich sahe ihn Nachmittag 2 Uhr zuerst wo er seinen Thee trank, ausfuhr bis 6, wo er zu Mittag speiste und in einer halben Stunde wieder ausfuhr, wo er Nachts halb 2 Uhr nach Hause kam, und in der nemlichen Nacht noch 2 mal aufgeweckt wurde, aber nicht ausfuhr.

Der Senator und Mitaufseher des Spitals wovon F. der Artzt ist hat sich so viele Mühe und Sorge gegeben ein Haus zum Spital zu finden, selber einzurichten und mit allem Nöthigen zu versehen, daß er Sonnabend krank befiel (zu ihm wurde F. Morgens 5 Uhr gerufen).

Diesen Morgen, Dienstag, ist er gestorben.

F. sagte es schon Sonntag daß wenig Hoffnung seye, da es aber so lange, 2 Tage noch dauerte, so hoffte man; denn mit dieser Krankheit geht es selten über 24 Stunden; in 6-8-12 Stunden gesund und todt. Ich war immer gut gemuthet, dies ist eine nothwendige Eigenschaft bey dieser Krankheit, aber seit gestern habe ich viel Muth verlohren. Gestern Nachmittag 3 Uhr kömmt ein Franzose, großer Tuchfabrikant, angefahren den Bruder zu sprechen über eine Kranke in seinem Hause, die aber eine andere Krankheit hatte. Er selbst war recht gesund, frohen Muthes und lachte über die Furchtsamen. Nach Tisch fährt F. zu ihm, findet ihn krank; um 11 Uhr kamen noch 3 Ärtzte zu F. Er bat sie alle drey mit ihm zu diesem Kranken zu fahren. Nach Mitternacht ist F. zurück. Kaum liegen wir zu Bette, da klopft es fürchterlich am Thor, niemand aber von der Dienerschaft macht auf. Ich fürchtete F. im Schlaf zu stören, jedoch dachte ich man muß in dieser Noth keinem die Thür verschlossen halten im nemlichen Falle würde ich auch Hilfe suchen und mich nach ihr sehnen. Ich stehe auf und wecke den Bedienten. Man kam eigens mit dem Wagen, ein junger Mann kam zu F. ihn zu bitten zu diesem Herren zu kommen. F. war aber im Schweiß, unpäßlich seit 2 Tagen, so daß er es nicht wagen durfte aufzustehen, schickte ihn aber zu einem anderen Artzt. Ganz erschrocken fragte der arme Mann, Mm. est-ce cette maladie? F. bejahte es; da war der junge Mann ganz zerschlagen. Diesen Morgen 7 Uhr war er schon wieder mit dem Wagen da, ein anderer Artzt war auch schon selbst gekommen zu einem Kranken bitten; somit ist F. ausgefahren. Wenn unser Bruder F. der Gefahr glücklich entgeht so ist dies ein Wunder der unendlichen Barmherzigkeit Gottes, dem wir nicht inbrünstig genug danken können …

Im Hospital war der erste Cholerakranke eingeliefert worden: ein älterer Handwerker. Er atmete mühsam, stöhnte. Haass rief die jungen Ärzte zusammen:

»Hier also, Kollegen, haben wir unseren ersten Kranken … Guten Tag, mein Lieber, wir werden dich versorgen und mit Gottes Hilfe wirst du genesen.«

Er beugte sich zu dem von Fieberschauern geschüttelten, in Wadenkrämpfen zuckenden Mann und küßte ihn.

»Um Gottes Willen, Fjodor Petrowitsch, was tun Sie da?«

»Ich tue, was der Herr befiehlt, ich bewillkommne meinen kranken Bruder. Sie sollten nicht so erschrocken auffahren, lieber Kollege. Die Krankheit ist nicht ansteckend; und ich vertraue nicht nur auf Gott, ich weiß auch sehr wohl, daß von der Berührung mit einem Kranken keine Gefahr droht.«

Gemeinsam mit den Sanitätern hob Fjodor Petrowitsch den Kranken in den Badezuber, brachte ihn nach dem Bade ins Bett, umhüllte die krampfhaft zitternden Arme und Beine mit warmen Kompressen.

Haass, der die Erkrankten küßte, mithalf, sie zu baden und warm einzuhüllen, entzückte durch seine Besonnenheit viele und erschreckte andere. Manche erbosten sich auch:

»Dieser tolle Deutsche hat vollends den Verstand verloren; schont sich selbst nicht und verleitet auch noch andere zu Leichtsinn. Es ist geradezu ein Verbrechen, auf diese Weise die Ansteckung in der Stadt herumzutragen.«

Auch Fürst Golizyn erfuhr von des Doktors Absonderlichkeiten. Er bat ihn, die ängstlichen Gefühle der Kollegen und Mitbürger ein wenig zu schonen, und erläuterte ihm seinen eigenen Standpunkt:

»Ich setze voraus, liebster Fjodor Petrowitsch, daß das, was Sie tun, Ihre Wahrheit ist. Ich vertraue Ihrem Wissen und Ihrer Erfahrung. Doch nicht alle Moskauer, nicht einmal alle Ihre Kollegen, stimmen mit Ihnen überein. Darauf habe ich Rücksicht zu nehmen, noch dazu in der jetzigen schweren Zeit. Die meisten Menschen fühlen sich unsicher, sind von Angst niedergedrückt, weil sie am Morgen nicht wissen, ob sie den Abend noch erleben werden. Schon die allerkleinste Magenverstimmung jagt ihnen tödlichen Schrecken ein. Darum habe ich beschlossen, alles, was irgend geeignet ist, Schaden zu verhindern, zu unternehmen, auf daß die noch nicht Erkrankten mit Gottes Hilfe gesund bleiben und denen, die von der verfluchten Krankheit befallen sind, jegliche Hilfe zuteil werde. Sie und jene Doktoren, die mit Ihnen eines Sinnes sind, mögen so verfahren, wie Wissenschaft und Gewissen es Ihnen befehlen. Aber alle übrigen verängstigten Bürger, seien es Moskauer, Petersburger oder Bewohner anderer Orte, müssen wir so gut wie möglich vor Furcht bewahren. Deswegen habe ich die Quarantäne befohlen, deswegen auch die strenge Marktordnung, die Sicherheitsvorschriften für Häuser, in denen sich Erkrankte befinden. Der Metropolit und die Geistlichkeit fühlen sich sehr getröstet von Ihren Ansichten über die Epidemie. Aber es gibt andere Menschen, die sich aus Angst vor Ansteckung nicht in die Kirche wagen. Die alten Leute erinnern sich noch gut daran, wie Graf Orlow während der Pest auf die Beter bei der Kapelle der Iberischen Gottesmutter feuern ließ.

Neulich erst wollte ein neunmalkluger Senator in seinem Bezirk sogar die Kirchen schließen. Die Popen, sagte er, sollen auf den Straßen vor den Häusern beten, und die Polizei muß aufpassen, daß sich keine Menschen ansammeln, damit sie sich nicht gegenseitig anstecken.«

Golizyn verlas vor dem Medizinischen Rat einen Brief des Zaren Nikolaj. Der Imperator dankte den Ärzten und allen, die den leidenden Bewohnern seiner geliebten Stadt halfen, und fragte an, ob die Herren Ärzte der Ansicht seien, seine Anwesenheit könne dazu beitragen, die Menschen zu ermutigen und dem Volk einigen Trost zu spenden.

Manche Ärzte und Senatoren sprachen sich für den Besuch des Zaren aus, darunter auch solche, die Cholera für eine ansteckende Krankheit hielten und dennoch hofften, daß, wenn der Zar höchstpersönlich bemerken würde, wie hingebungsvoll sie die Epidemie bekämpften, er mit Auszeichnungen und Lob nicht geizen würde. Sie verlangten lediglich, es müsse für den nötigen Schutz gesorgt werden. Seine Majestät dürfe sich nicht zu Fuß, sondern nur in der Karosse in den Straßen zeigen. Zweifellos würde die Anwesenheit Seiner Majestät die Zuversicht der Bevölkerung außerordentlich heben und fördern und auch die Liebe der Untertanen zum Herrscher stärken.

Haass widersprach dieser Meinung entschieden:

»Der Wunsch Seiner Kaiserlichen Majestät ist ein Zeichen seines edlen Geistes und seines großen Herzens. Es ist ein wunderschöner Wunsch. Doch wir Ärzte müssen uns diesem Wunsch widersetzen, auf das Entschiedenste und ohne alle Einschränkung. Die Herren, welche Cholera morbus für eine ansteckende Krankheit halten, haben Angst und Entsetzen in den Gemütern der Bevölkerung erzeugt; und jetzt würden sie einen ungeheuren, frevelhaften Leichtsinn begehen, sich gröblichster Fahrlässigkeit schuldig machen, wollten sie die Reise Seiner kaiserlichen Majestät zulassen. Denn Cholera morbus ist eine epidemische Krankheit. Wir kennen noch längst nicht alle ihre Wege und Pfade. Die schreckliche Krankheit breitet sich sehr schnell aus. Wir wissen und gehen davon aus, daß sie sich durch Wasser und durch Nahrung verbreitet. Aber wir wissen nicht, welches Wasser, welche Nahrung sie bringt. Vielleicht trägt auch die Luft, irgendein arglistiger Wind sie aus fernen südlichen Ländern herbei. Wir wissen, daß die Epidemie jetzt in Moskau grassiert. Manche Kranken sind genesen, andere starben. Warum der eine gesund wird, der andere stirbt, weiß nur Gott, und wir kurieren, wie wir es verstehen, wie wir es vermögen und beten um Hilfe. Aber wir alle wissen, daß diese schreckliche

Krankheit nicht nach Petersburg gekommen ist. Vielleicht verhindert das dortige Klima die südliche Epidemie. Auch die ansteckende Pest wütete nur in Moskau und drang nicht bis nach Petersburg vor. Aus diesem allen kann es nur eine Conclusion geben: wir dürfen nicht erlauben, daß Seine Majestät Sankt Petersburg verläßt. Wir müssen uns fortwährend vor Augen halten, daß diese Epidemie – genau wie jede andere Krankheit – nicht zwischen Arm und Reich, Hoch und Niedrig unterscheidet.«

Der Zar kam dennoch nach Moskau. In offener Karosse fuhr er mehrmals durch die Straßen und über die Plätze der Stadt. Gardekavalleristen und Leibkosaken säumten die Trottoirs und achteten darauf, daß sich dem Wagen keine Bittsteller näherten.

Die Passanten schwenkten Hüte und Tücher, die Volksmenge strömte auf den Plätzen zusammen, schrie »Hurra«. Manche fielen auf die Knie, Frauen schluchzten: »Du unser Engel, Gott schütze dich!« Der Zar in dunkelgrünem Uniformrock und Federhut hob leutselig die Hand im schneeweißen Handschuh.

Am Abend befahl der Zar den Generalgouverneur und den Polizeichef zum Rapport. Unter anderem berichteten die Herren auch von den Einwänden der Ärzte gegen den kaiserlichen Besuch.

»Ist das dieser gewisse Haass? Ich erinnere mich daran, daß meine Mama ihn lobte. Soll ein tüchtiger Arzt sein, aber wie man sagt, ein Sonderling und seltsames Original. Er hat sich übrigens bei meinem Schwager, dem preußischen Kronprinzen, über mich beklagt, hat geschrieben, daß wir hier unsere Gefangenen schlecht behandelten. Und jetzt wollte dieser Doktor mich nicht nach Moskau hereinlassen!«

Die Herren der kaiserlichen Suite lachten.

Nachdem die Epidemie abgeklungen war, erhielten einige Moskauer Senatoren, Offiziere, Polizeioffiziere, Ärzte und Beamte Auszeichnungen für ihren opferbereiten Dienst. Haass ging leer aus.

Er war ein bißchen betrübt, aber nicht lange. Freunde erzählten ihm, die Liste der Auszuzeichnenden sei in Abwesenheit des Fürsten Golizyn zusammengestellt worden, der seiner angegriffenen Gesundheit wegen zu einer Kur gereist war. Sein Stellvertreter aber war nicht gut auf Haass zu sprechen, diesen rastlos tätigen und daher lästigen Sekretär des Gefangenen-Fürsorgekomitees, der es ohne die geringste Scheu wagte, sich mit einflußreichen Generälen, ja sogar mit dem Innenminister anzulegen.

VII. Der »outrierte Philanthrop«

Wegen der Cholera wurden alle Durchgangsgefängnisse aus der Stadt evakuiert und die Häftlinge zu einem zentralen Sammelpunkt auf den Sperlingsbergen gebracht. Dort hatte man noch zu Lebzeiten Zar Alexanders einen gewaltigen Bau in Angriff genommen – die Erlöserkirche zu Ehren der Siege von 1812 bis 1814. Der Architekt Alexander Witberg, ein begabter – manche sagten ein genialer – Träumer, entwarf das Projekt. Alle, die es sahen, waren begeistert. Es sollte das größte Bauwerk Europas werden, majestätisch und prächtig, weithin über Moskau sichtbar. Die Berghänge bis hinab zum Flußufer sollten mit Marmor und Granit gepflastert werden.

Doch der Architekt verstand nicht, mit Geld umzugehen. Und noch weniger verstand er es, Menschen zu beurteilen. Er fiel auf Schlitzohren, Gauner und redegewandte Taugenichtse herein, weil er selber unfähig war zu täuschen, zu betrügen, falsches Spiel zu treiben.

Die Bauarbeiten wurden eingestellt, die Pläne zu einem aberwitzigen Vorhaben erklärt. Der Architekt wanderte ins Gefängnis und wurde später nach Wjatka verbannt.

Doch auf den Sperlingsbergen waren riesige Mengen von Baumaterial liegengeblieben, Balken, Bretter, Steine, Ziegel, auch Baracken und einige Häuser, die für die Bauarbeiter errichtet worden waren, sowie Mauerteile und Holzzäune um die schon ausgehobenen Baugruben.

Auf diesem Gelände nun war mit dem vorhandenen Material bereits ein geräumiges Durchgangsgefängnis eingerichtet worden. Die Baulichkeiten wurden jetzt erweitert, und es entstand eine Sammelstelle für alle Sträflinge aus den nördlichen, nordwestlichen, westlichen und vielen zentralrussischen Gouvernements (die Häftlinge aus den anderen Gouvernements wurden über Kasan geleitet). Hierher brachte man auch die Bauern, die aus den verschiedensten Richtungen zu ihren Eigentümern eskortiert werden mußten, sowie Untersuchungshäftlinge und flüchtige Bauern, Vagabunden und Bettler, die ihre »Herkunft vergessen hatten«. Von hier aus gingen alle Transporte nach Sibirien, nachdem die Verbannten an Kette oder Stange geschmiedet, den Zuchthäuslern eine Kopfhälfte geschoren und ihnen ihre Fesseln angelegt worden waren. Aus den Moskauer Gefängnissen und den Arrestlokalen der Polizeibezirke führte oder schleppte man Gefangene auf die Sperlingsberge hinauf, die das Spießrutenlaufen überlebt hatten oder von Henkersknuten öffentlich ausgepeitscht worden waren. Manche stöhnten leise, andere waren noch ohnmächtig; blutige Lumpen klebten an ihren zerschundenen Rücken.

Fjodor Petrowitsch untersuchte alle Neuankömmlinge und besonders gründlich alle jene, die bald auf Transport kommen sollten. Er wählte eine große Baracke aus, die sich für ein Lazarett mit hundertfünfzig Betten eignete, und sorgte für eine ordentliche Ausstattung. Welchen Einwänden er dabei begegnen würde, hatte Haass im voraus gewußt. Ihn focht das nicht an, mochten Polizei-, Gefängnis- und Zivilbeamte noch so sehr darüber spotten. Er bestand darauf, Baderäume und Aborte für Männer und Frauen getrennt einzurichten; er ließ in den Baderäumen nicht nur Zuber aufstellen, sondern auch eine Gießkannenvorrichtung anbringen, damit sich nicht mehrere Leute im selben Wasser waschen mußten; er verlangte auch Tröge zum Wäschewaschen und Öfen, um daran Wäsche zu trocknen.

Zehn Jahre waren vergangen, seit er dies alles zum ersten Mal für gewöhnliche Krankenhäuser gefordert hatte, für das Alte Katharinen-Hospital und für das große Gefängniskrankenhaus. Damals hatte man ihm ins Gesicht gesagt, seine Ideen seien reinste Hirngespinste, läppische Launen. Was soll das gewöhnliche Volk, was sollen Häftlinge, Landstreicher und Tagediebe mit solchem Luxus? Sie sind doch nicht daran gewöhnt, werden sofort alles besudeln, wie es bei ihnen eben üblich ist.

Haass gab nicht nach und erreichte trotz aller Widerstände, was er für notwendig hielt, bezahlte vieles aus seiner eigenen Tasche, und wenn auch das nicht reichte, borgte er Geld. Als das neue Durchgangsgefängnis auf den Sperlingsbergen eingerichtet wurde, wandte sich einer der Senatoren gegen den »überflüssigen Luxus«, gegen diese »unseren Mushiki nicht bekömmliche Verzärtelung«:

»Ich besitze, dem Herrn sei Dank, viele hundert leibeigene

Seelen, und lange Jahre war ich Befehlshaber über viele tausend Soldaten. Ich weiß genau, was bei uns üblich, woran das russische Volk gewöhnt ist, ich weiß das sehr viel besser als der gelehrteste Ausländer.«

Fjodor Petrowitsch lauschte geduldig der selbstzufriedenen Rede des pensionierten Generals und erwiderte dann:

»Ich erlaube mir, ehrerbietigst auf den großen Unterschied hinzuweisen, der zwischen Wissen, also connaissance, und Vorweg-Wissen, dem préjuge, besteht. Wie sagten Sie, ›vorgefaßte Meinung‹ oder ›Vorurteil‹?... Danke, Erlaucht, danke, Herr Professor. Entschuldigen Sie, ich beherrsche Ihre wundervolle russische Sprache nur mangelhaft; aber ich denke und glaube, daß ich eine ganze Anzahl von Menschen, adlige und einfache, reiche und arme, gelehrte und ganz und gar ungebildete Landeskinder, einigermaßen kenne. Ich habe viele hundert, ja viele tausend Russen behandelt. Ein kranker Mensch öffnet seinem Arzt Körper und Seele. Ja, auch die Seele, fast so – verzeihen Sie meinen Vergleich, Eminenz – fast so wie vor dem Geistlichen in der Beichte.

Und so fällt mir denn, wenn ich solche Worte über Gebräuche und Gewohnheiten vernehme, eine englische Fabel ein: Ein Herr kommt in die Küche. Die Köchin hält einen langen, einen sehr langen Fisch, fast wie eine Schlange – Aaal? Jaja, merci, monsieur. Sie hält also diesen lebenden Aal und zieht ihm die Haut ab. Der windet sich und wehrt sich, aber ein Fisch kann nicht schreien. Der Herr schilt die Köchin: ›Um Gottes Willen, was machen Sie da? Das ist ja eine entsetzliche Quälerei!‹ Die Köchin antwortet: ›O nein, Sir, die sind daran gewöhnt!‹«

Die Gefängnisleitung, die Polizeioffiziere und die Platzadjutanten, die die Begleitmannschaften einteilten, sahen in Haass von Anfang an ihren Gegner, einen »vertrackten, streitsüchtigen Sonderling«. Sie hielten seine Bemühungen, »jedem Gesindel« Erleichterungen zu verschaffen, für unschicklich, denn er hatte doch nicht den geringsten Vorteil davon, keinerlei Nutzen für sich selbst. Eine derart absurde Uneigennützigkeit, eine derartige Aufdringlichkeit, die ständigen Händel mit Männern von Rang und Namen, die ihre Pflichten treu nach den Gesetzen, Verordnungen und Regeln erfüllten, all dies ließ sich nicht, wie einige meinten, mit dem Wunsch erklären, »die Seele zu retten.« Die Seele zu retten gelingt nur durch Gebete, Fasten und Almosen, nicht aber, indem man die Staatsdiener hindert, ihren traurigen, schwierigen, aber unumgänglich notwendigen, streng vorgeschriebenen Obliegenheiten nachzugehen; nicht, indem man Verbrecher verhätschelt, nicht, indem man bei Unbefugten gefährliche Zweifel weckt.

Anzeigen gegen Haass trafen ununterbrochen ein, sowohl beim Generalgouverneur wie beim Fürsorgekomitee und beim Metropoliten.

General Kapzewitsch beklagte sich über das Gefängnislazarett und über die neuen Zellen, die mit Holzpritschen ausgestattet waren. Als ob Häftlinge nicht auf dem Fußboden schlafen könnten! Und dann Aborte statt der Kübel: »Diese Unterkunft ist mehr als reichlich versorgt; sie ist geradezu üppig ausgestattet mit allem möglichen Firlefanz, wie ihn sich nur eine verstiegene Philanthropie ausdenken kann.« Der General beschwerte sich:

Doktor Haass, dieser outrierte Philanthrop, untersucht und behandelt nicht nur Kranke, er spricht auch mit den gesunden Delinquenten, fragt sie teilnahmsvoll aus, hört sich ihre Klagen an, achtet darauf, wie sie angeschmiedet werden, stört die Schmiede und die Begleitsoldaten bei ihrer Arbeit. Wenn eine Partie Gefangener auf Transport geht, tauscht Herr Haass sogar mit ihnen den Abschiedskuß.

Nicht nur die Konvoi-Offiziere und die Gefängnisbeamten ärgerten sich über den »outrierten Philanthropen«. So schrieb eine gewisse Frau Naumowa, Mitglied des Fürsorgekomitees der Damen, an Innenminister Sakrewskij:

Der Doktor hat eine sehr gute, aber allzu weiche Seele: er lebt in einer selbst konstruierten Welt und verwöhnt die Sträflinge in nicht mehr vertretbarem Ausmaß.

Das Gefängnispersonal und die Begleitsoldaten übernahmen das Verhalten ihres Vorgesetzten Haass gegenüber und suchten nach Gelegenheiten, seine Tätigkeit zu sabotieren oder ihm gar einen Streich zu spielen. Um den lästigen Querulanten zu ärgern, »vergaßen« sie seine Anordnungen und »vergaßen« auch wohl bei einem Kranken, ihn ins Krankenhaus zu bringen.

Entgegen seinem ausdrücklichen Verbot schickten sie einen Syphilitiker auf Transport. Als Haass es erfuhr, schrieb er entsetzt an den Minister und an den Generalgouverneur:

Dieser Unglückliche ist verschickt worden, er wird seine schreckliche Krankheit in fernen Gegenden verbreiten, während ich und der Polizeiarzt heimkehrten im Bewußtsein erfüllter Pflicht. All der Jammer, den dieser bedauernswerte Kranke verbreiten wird, wird auf das Konto des Moskauer Gefängnis-Fürsorgekomitees eingetragen, in jenes Buch, nach dem die Welt am Jüngsten Tage gerichtet werden wird.

Wilhelmine rüstete sich zur Rückkehr in die Heimat. Schwester Lieschen war Witwe geworden, sie kränkelte, brauchte Hilfe, jemand mußte sich um die Kinder kümmern. Fjodor Petrowitsch sah ein: in Köln wurde Wilhelmine wirklich gebraucht. Ihm, dem unfruchtbaren Feigenbaum, war doch nicht zu helfen. Ihr Ort, ihr Wirkungskreis war das Haus, der häusliche Herd. Er aber hatte kein Haus, brauchte es nicht. Sein Zuhause war bei den Kranken. Sie waren seine Kinder, seine Brüder und Schwestern. Aber Wilhelmine mochte nicht in einem Krankenhaus leben. Sie wollte auch nicht, daß ihr nur noch ein Diener blieb, Jegor, mit dem sie sich nicht verständigen konnte und den sie für einen Spitzbuben hielt.

Wilhelmine ist gewiß eine gute, verständige Frau, eine liebevolle Schwester. Aber sie versteht ihn so gut wie gar nicht, sagt, er habe einen »difficilen Charakter«. Er tut ihr leid, und die unglücklichen Häftlinge tun ihr auch aufrichtig leid; sie betet für sie. Aber ihre Furcht vor ihnen ist größer als ihr Mitleid. Sie versteht ihren Bruder ebensowenig wie ihn die Generäle, die Offiziere und die Gefängnisbeamten, ebensowenig wie ihn seine guten Freunde Dr. Pohl, Dr. Hofmann und der Fürst Golizyn verstehen. Sie bedauern ihn und die Unglücklichen, für die er sich einsetzt, aber sie verstehen ihn nicht, verstehen ihn überhaupt nicht.

Nach einer schlaflosen Nacht war sein Kopf schwer, die Augen brannten. Fjodor Petrowitsch wusch sich lange, erneuerte mehrmals das Wasser. Zum Frühstück ließ er sich kaum Zeit, schrieb sofort an den Generalgouverneur, an den Minister und an das Fürsorgekomitee. Denn er mußte unverzüglich dem Konvoi-Offizier entgegentreten, der ihn angezeigt hatte, in Gegenwart der Häftlinge Offiziere beleidigt zu haben. Fjodor Petrowitsch legte unter anderem dar:

Unter diesen Menschen gab es Genesende und wirklich sehr Geschwächte, die, als sie mich sahen, baten, ich möge sie von ihren Qualen befreien. Meine Fürsprache war vergebens, und ich war gezwungen, die Blicke der Verachtung zu ertragen, mit denen sie sich von mir abwandten, denn sie wußten, daß ihr Verlangen statthaft war und daß ich mich hier in Einklang mit dem Gesetz befand. Ausgestattet mit genügend Vollmacht, diesem Elend abzuhelfen, erlaubte ich mir in der Tat, dem Konvoi-Beamten zu sagen, er möge dessen eingedenk sein, daß Gott sein Richter sei.

Golizyn selber war immer häufiger abwesend und überließ den Papierkrieg, darunter auch die Anzeigen gegen Fjodor Petrowitsch, seiner Kanzlei. Wieder einmal hatte sich General Kapzewitsch beschwert, und ein geschäftsmäßig-verbindlicher, kühl-höflicher Gouvernementsbeamter bat Haass, sich zu der Beschwerde zu äußern. Der General zeigte sich sehr ungehalten, weil der Doktor schon wieder Gefangene vom Transport zurückgehalten hatte, die auf die Ankunft ihrer Angehörigen warteten.

Dabei waren dem Bataillonsführer schon die fertigen Begleitpapiere der Arrestanten übergeben worden. Indem Doktor Haass bei der ärztlichen Untersuchung viele Verbannte wegen völlig nichtiger Bitten zurückhält, zwingt er die Begleitmannschaften, in voller Ausrüstung zu warten, bis er mit der Untersuchung fertig ist, Bitten angehört hat, sich von den zu verschickenden Verbrechern verabschiedet hat. Der Kommandoführer, der die Verpflegungskasse und die Liste der zu Eskortierenden führt, ist gezwungen, alles noch einmal abzuändern; so vertrödeln Konvoi und Arrestanten auf den Sperlingsbergen unnötig Zeit und erreichen das Nachtquartier zu spät, erschöpft vom langen Warten und vom Marsch.

Hartnäckig versuchte General Kapzewitsch, die Fürsorgegesellschaft und das Fürsorgekomitee zu veranlassen, den Doktor Haass zu entfernen, *denn er bringt nicht nur keinen Nutzen, sondern er stiftet Schaden, indem er durch seine outrierte Philanthropie die verderbten Sträflinge zum Murren aufstachelt.*

Fjodor Petrowitsch las die sauber beschriebenen Kanzleipapier-Bögen – Militärschreiber lassen sogar Buchstaben und Zeilen parademäßig stramm antreten – und versuchte, sich diesen General vorzustellen: ein finsterer Schnauzbart, in eng anliegendem Uniformrock, mit goldenen Epauletten, Ordenskreuzen, Sternen ... Man sagte von ihm, er sei seinen

Soldaten väterlich zugetan, er sei streng, aber gerecht. Warum nur ist dieser General so böse auf den Doktor? Warum hat er, der um das Wohlergehen seiner Soldaten so besorgt ist, überhaupt kein Mitleid mit den Gefangenen, die doch viel unglücklicher sind? Der General glaubt ja, was er schreibt … So trüben Vorurteile den Verstand, und bedingungsloser Gehorsam vor dem Buchstaben verhärtet das Herz.

Auf einer der regelmäßigen Sitzungen des Gefängnis-Fürsorgekomitees referierte Fjodor Petrowitsch:

»Im verflossenen Jahr 1833 betrug die Einwohnerzahl der Stadt Moskau 311 000, mehr als die Hälfte von ihnen sind Leibeigene – herrschaftliches Gesinde und Bauern. In diesem selben Jahr passierten das Durchgangsgefängnis auf den Sperlingsbergen 18 147 Personen beiderlei Geschlechts. Unter ihnen befanden sich 6998 ›Nicht-Häftlinge‹, die ihre Angehörigen begleiteten. In allen anderen Moskauer Gefängnissen zusammen wurden in diesem selben Jahr fast 60 000 Arretierte gezählt. Eine exakte Ziffer konnte vom Komitee nicht ermittelt werden.

Uns obliegt die Sorge für diese unglücklichen Menschen. Die einen sind wohl infolge eigener Sünden und Verfehlungen unglücklich, die anderen aber erleiden ihr trauriges Schicksal nicht aus eigener Schuld, sondern weil sie von anderen irregeleitet oder versehentlich falsch beschuldigt wurden. Sie alle sind unglücklich, bedürfen daher des Mitleids und der Pflege christlicher Mitmenschen, vor allem unseres Komitees.

Wenn ich hier stehe in diesem prächtigen, hellen Saale, vor so vielen verehrungswürdigen Herrschaften, und so viele edle, wohlmeinende Gesichter sehe, wenn ich nach unserer Sitzung heimfahre in mein wohleingerichtetes Haus oder auch einen guten Freund besuche, dann kann und darf ich nicht vergessen, daß im selben Augenblick – nur zwei oder drei Werst von hier entfernt – Menschen in Ketten schmachten, in Kälte und Schmutz, und auf engstem Raum mit rohen und übelgesinnten Schicksalsgenossen unfreiwillig zusammengepfercht sind, von denen sie sich nicht für eine winzige Minute entfernen können, nicht einen einzigen Schritt. Alle Türen und Tore sind ihnen verschlossen. Für sie gibt es keine Freude, nicht die kleinste Erleichterung.«

Fjodor Petrowitsch berichtete dem Komitee ausführlich

über Vorkommnisse, die er selbst im vergangenen Monat in den Gefängnissen miterlebt hatte, wenn kranke Häftlinge oder auch bloß eskortierte Bauern oder ihre Frauen und Kinder durch die Begleitkompanie rücksichtslos und brutal behandelt wurden.

Einige Komiteemitglieder hörten teilnahmsvoll zu, nickten bekümmert. Andere flüsterten: »Da singt er wieder seine Jeremiaden, unser Heulmeier.«

Metropolit Filaret beobachtete aufmerksam, wie Haass erregt gestikulierte und auch wohl mit dem Fuß aufstampfte, wenn er in seinem Papierwust ein benötigtes Blatt nicht gleich finden konnte, oder wenn ihm ein Wort, ein Name nicht sofort einfielen.

»... Manche strengen Beamten und Offiziere werfen uns vor, wir gingen zu milde mit Verbrechern um. Ich gestatte mir, diese Vorwürfe ungerechtfertigt zu nennen: Sie widersprechen den christlichen Lebensgrundregeln und sind unvereinbar mit den geltenden Gesetzen. Wir sind auf das strikteste gehalten, nicht nur für Ordnung und Sauberkeit in den Gefängnissen zu sorgen, sondern auch alle Bitten der Verschickten und der Gefangenen wohlwollend anzuhören und zu prüfen.«

Ich habe meine mir unterstellten Mitarbeiter im Komitee angewiesen, das Wort »Mitleid« nicht anzuwenden. Manche guten Menschen besuchen aus Mitleid die Eingekerkerten, bringen ihnen Almosen, legen Fürsprache bei der Obrigkeit für sie ein. Sie tun dies aus Mitleid. Wir aber, die Mitglieder und Mitarbeiter des Fürsorgekomitees, tun nur, was unseres Amtes ist, erfüllen nach besten Kräften unsere heiligste und oberste Pflicht.

Im »Journal«, dem Sitzungsprotokoll, wurde aber vermerkt, das Komitee habe dankbar die Empfehlung des Vizepräsidenten, Seiner Eminenz, des Metropoliten Filaret, angenommen, nicht in eine große Diskussion bezüglich der Überlegungen Fjodor Petrowitschs über regelmäßige Gefangenenbesuche einzutreten. Es genüge festzuhalten, daß mildtätige Besuche zweifellos wünschenswert, wenn nicht gar erforderlich seien...

Dem Metropoliten Filaret wurde dieser unbezähmbare, redselige und unnachgiebige Doktor Haass zu einem Ärgernis. Es brachte ihn auf, wenn dieser andersgläubige Doktor sich für Ketzer verwendete, die wegen Widersetzlichkeit gegenüber der Kirche bestraft worden waren, für Altgläubige und andere Sektierer. Haass bat sogar um Gnade für drei alte, fanatische Altgläubige. Diese verstockten Häretiker sollten gerechterweise nach Sibirien verschickt werden, denn sie hatten einem Missionsmönch hartnäckig Widerpart gegeben.

Haass schickte eine Eingabe nach St. Petersburg:

Das Unglück dieser Leute bewegt mich tief. Es ist meine volle Überzeugung, daß diese Menschen sich einfach in tiefster Unkenntnis über jene Gegenstände befinden, über die sie streiten; deshalb darf man ihren Widerstand nicht für Starrsinn ansehen, sondern als eine Verirrung in bezug auf ein Gott wohlgefälliges Leben. Und wenn dem so ist, dann werden zweifellos alle Gefühle des Mitleids mit ihnen sowie Gnade und Erbarmen ihnen gegenüber mit größerer Wahrscheinlichkeit ihre Herzen und Sinne erweichen können.

Über derartige Dinge mit einem Andersgläubigen zu diskutieren lag unter der Würde des Metropoliten. Doch ausgerechnet dieser Fjodor Petrowitsch hatte beim Generalgouverneur die Erlaubnis erwirkt, im Durchgangsgefängnis eine orthodoxe Kirche zu bauen. Die Mittel zu diesem Bau auf den Sperlingsbergen hatten seine Patienten, reiche Kaufleute, gespendet. Fjodor Petrowitsch sorgte auch für die Ausschmükkung und dafür, daß alle Häftlinge regelmäßig zum Beten in die Kirche geführt wurden. Metropolit Filaret konnte nicht umhin, dieses Werk Fjodor Petrowitschs anzuerkennen, und ordnete, der Bitte des Doktors entsprechend, an, daß für jeden abgehenden Häftlingstrupp eine Messe gehalten würde.

In den dreißiger Jahren war Moskau Zwischenstation für die großen Transporte aus Polen. Es waren die nach dem niedergeschlagenen Aufstand von 1831 zu Zuchthaus und sibirischer Verbannung Verurteilten: wirkliche Aufständische und solche, die wegen »Beihilfe« bestraft worden waren. Ihnen folgten häufig ihre Frauen und Kinder. Haass hielt diese Transporte stets so lange auf den Sperlingsbergen fest, bis alle Häftlinge gebeichtet und die Kommunion empfangen hatten. Er wurde denunziert wegen Bevorzugung von Katholiken gegenüber den Rechtgläubigen, von denen er noch keinen einzigen aus diesem Grunde zurückbehalten habe. Haass erwiderte:

»Für die rechtgläubigen Arrestanten gibt es auf dem ganzen

Weg geistlichen Beistand. In allen Städten und manchen Dörfern gibt es Kirchen. Aber die Katholiken haben hier in Moskau die letzte Möglichkeit, zu beichten. Es heißt wohl, in Irkutsk solle eine katholische Kirche errichtet werden. Aber dorthin werden sie frühestens in einem Jahr gelangen.«

Bei diesem Disput schwieg Filaret mit finsterer Miene.

Auf einer anderen Sitzung berichtete Haass über seine Bücherverteilungen in den Gefängnissen. Es waren mehrere hundert vom ›ABC der christlichen Sittsamkeit‹ und Evangelien. Die Mittel zum Erwerb dieser Bücher hatte der dänische Kaufmann Merilis gespendet. Er hatte versprochen, auch weiterhin jährlich den notwendigen Betrag zu spenden. Dieser Kaufmann besaß ein großes Geschäft gegenüber dem Theater.

Als Haass ihn um Spenden für seine Schützlinge bat, appellierte er nicht nur an dessen mildtätiges, christliches Herz, er machte ihm auch klar, daß er sich auf diese Weise das Wohlwollen der Moskauer erwerben würde, *denn*, so schrieb er, *das russische Volk besitzt vor allen anderen Qualitäten die wunderbare Gabe des Erbarmens, die Bereitschaft und die Gewohnheit, mit Freude dem Nächsten zu helfen, ihm im Überfluß zu geben, wessen er bedarf.*

Haass klagte auf einer Komiteesitzung darüber, daß in Moskau kein Neues Testament in kirchenslawischer Sprache aufzutreiben sei.

Filaret unterbrach Haass' Ausführungen mit leiser, aber deutlicher und etwas näselnder Stimme:

»Sie grämen sich nutzlos, verehrtester Fjodor Petrowitsch, ganz nutzlos. Ihren Eifer kann ich überdies gar nicht gutheißen. Es ziemt sich nicht, unbedacht Gottes Wort auszusäen. Auch in Ihrer Kirche heißen die Hierarchen dies nicht gut. Deswegen lassen sie die Heilige Schrift nicht in den Landessprachen verbreiten. In alten Zeiten konnte ja drüben mancher für solchen Eifer mit dem Scheiterhaufen bestraft werden. Das war gewißlich eine gar zu strenge Strafe. Doch die Sorgen und die Besorgnisse, denen diese Strenge entsprang, waren gerechtfertigt. Denn wenn ein einfacher Mensch, noch dazu ein sündiger, verbrecherischer, das Evangelium ohne stete Anleitung, ohne gute Anweisungen, Erklärungen und Belehrungen durch geistliche Personen liest, dann kann die Lektüre eine gefährliche Neigung zu willkürlicher, einseitiger und sogar schädlicher, ketzerischer Auslegung wekken. ›Werft die Perlen nicht vor die Säue‹.«

Ein anderes Mal führte der Metropolit den Vorsitz der Komiteesitzung, auf der Haass berichtete, daß er von den Spenden unbekannter Wohltäter Kinder von solchen Leibeigenen freikaufte, die auf Befehl ihrer Herren verschickt wurden. Die Eltern hielt er so lange auf den Sperlingsbergen zurück, bis die freigekauften Kinder anlangten und dann ihre Eltern in die Verbannung begleiten konnten.

»Hier, mit Verlaub, ist die Liste. Am 24. August 1834 ging ein Trupp mit hundertzweiunddreißig Zuchthäuslern und Verbannten mit Gerichtsurteil ab, dazu kamen siebenundfünfzig leibeigene Bauern, die keine Sträflinge sind. Vierzig von ihnen sind einfach »Paßlose«, die zu ihren Eigentümern geleitet werden sollten, die übrigen siebzehn wurden auf Befehl von drei Gutsbesitzerinnen und einem Gutsbesitzer deportiert. Fünf Frauen waren von ihren Kindern getrennt worden. Sie flehten um Erbarmen, baten darum, ihnen die Kinder mitzugeben, wenigstens die kleinen, die noch nicht zwölf Jahre alt waren. Es gelang aber nur, ein zweijähriges Mädchen freizukaufen.

Im zweiten Trupp der nämlichen Woche befanden sich unter den auf Befehl ihres Gutsbesitzers nach Sibirien Verbannten zwei Knaben von zehn Jahren. Weder der Gefängniskommandant noch der Konvoi-Führer konnten mir erklären, warum Minderjährige so bestraft werden, es kann doch nicht im Namen des Gesetzes etwas so Furchtbares geschehen.«

»Erlauben Sie, Fjodor Petrowitsch«, unterbrach der Metropolit. »Es ist ja unmöglich, daß jemand gesetzwidrig verbannt wird; wenn es sich um Krankheiten des Leibes handelt, so ist das Ihr Bereich. Dafür haben Sie Ihre Kenntnisse und Bücher zur Hand. Aber wenn es sich um Krankheiten der Gesellschaft handelt, um Rechtsangelegenheiten, dann hören wir auf Menschen, die von diesen Dingen mehr verstehen als wir. Wenn Sie, verehrter Doktor, einen Fieber- oder Cholerakranken behandeln, werden Sie doch weder Generäle noch Richter noch Minister um Rat und Beistand bitten. Unser Komitee ist auf allerhöchsten kaiserlichen Befehl gegründet worden, und zwar zur Gefängnisfürsorge, nicht aber, um Gesetze zu geben. Also alterieren Sie sich nicht, Fjodor Petrowitsch, und Sie, mein Herr«, wandte der Metropolit sich an einen Beamten der Gerichtsbehörde, »bitte ich, Stellung zu nehmen zu jenen Fällen, über die Fjodor Petrowitsch referiert hat.«

Der dem Gefängniskomitee beigeordnete Jurist verbeugte sich vor dem Metropoliten, schlug eine schweinslederne Aktentasche auf, entnahm einer saffianledernen Mappe ein paar beschriebene Bögen und las: »... In § 257 und § 258 Band 14 des Gesetzbuches steht zu lesen: ›Der Landstreicherei und des Bettelns Überführte sind in Polizeigewahrsam zu nehmen, und zwar ohne jede Bedrückung und Einschüchterung, aber mit aller Behutsamkeit und Menschenfreundlichkeit...‹«

Fjodor Petrowitsch, der sich gesetzt hatte, als der Beamte zu sprechen begann, hob die Hand und warf ein: »Hören Sie, hören Sie doch, Eminenz, das eben beachten die Herren Gefängnis- und Konvoi-Offiziere nicht: Menschenfreundlichkeit! Und dabei ist es ein so wundervolles Gesetz, christliche Menschenliebe ist in ihm verankert...«

Metropolit Filaret klopfte mit dem Bleistift auf den Tisch und bat, den Redner nicht zu unterbrechen.

»... ›mit aller Behutsamkeit und Menschenfreundlichkeit, und in ihre Heimatorte zu ihren Gemeinden zu bringen zwecks gehöriger Unterbringung. Das bedeutet: die städtischen Gemeinden und die dörflichen Obrigkeiten haben dafür zu sorgen, daß ihrer Amtsgewalt unterstehende arme und besitzlose Menschen nicht vagabundieren und betteln. Die Gesunden sollen zu verschiedenen Arbeiten verwendet werden; Alte und Sonstige sind ihren Verwandten zu übergeben, die für sie aufzukommen haben; existieren keine Verwandten, so sind sie in Armenhäusern oder Spitälern unterzubringen.‹

Laut § 335 und 337 desselben Bandes 14 unseres Gesetzbuches haben die Herren Gutsbesitzer das Recht, die ihnen gehörigen Leibeigenen zu bestrafen. Und dieses nicht nur mit eigenen üblichen Mitteln, das heißt mit Rutenstreichen oder Stockschlägen oder Arrest, sondern in solchen Fällen, wo eigene Maßnahmen erfolglos blieben, haben die Gutsbesitzer das Recht, die Schuldigen in Arbeitshäuser, Strafkolonnen oder zur Ansiedlung in Sibirien für eine vom Besitzer selbst festgesetzte Zeit zu verbannen.

In einem Nachtrag des Regierungsukas aus dem Jahre 1822 wurde den Gouvernementsverwaltungen untersagt, eine Untersuchung der Gründe für die Unzufriedenheit der Gutsbesitzer vorzunehmen. Sie haben lediglich die Einlieferung des Delinquenten zu bescheinigen und im Falle seiner Militärdiensttauglichkeit ihn der Rekrutierungsbehörde zu überstellen, im anderen Falle ihn zur Ansiedlung nach Sibirien zu deportieren.

Laut § 352 des nämlichen Bandes 14 können einer solchen Bestrafung durch ihre Besitzer vermittels der Gouvernementverwaltung auch Minderjährige vom achten bis siebzehnten Lebensjahr für freches Auftreten und unzulässiges Benehmen unterzogen werden.«

Haass fragte, was das Gesetzbuch über minderjährige Kinder vorschreibe, deren Eltern auf Befehl ihres Besitzers verbannt werden, und ob ein Gesetz in Kraft sei, das befehle oder auch nur zulasse, Kinder von ihren Eltern zu trennen.

Ein derartiges Gesetz wurde nicht gefunden. Die zum Komitee gehörenden Richter erklärten, in solchen Fällen gelte das Eigentumsrecht des Gutsherrn. Kinder eines verbannten Leibeigenen gehörten nicht diesem und nicht dessen Frau, die ihm in die Verbannung folgt. Die Kinder gehörten ihrem gesetzlichen Eigentümer. Er könne sie, wenn er wolle, behalten. Es stehe in seinem Belieben, sie den Eltern aus Mitleid zu schenken oder sie ihnen für eine entsprechende Freikaufsumme zu überlassen.

Derartige Freikäufe gelangen Fjodor Petrowitsch oft, obwohl dies keineswegs zu seinen Obliegenheiten als Sekretär des Fürsorgekomitees gehörte. Er wurde dabei unterstützt von seinen Freunden, dem Kammerherrn Lwow und dem Zivilgouverneur Olssufjew. Lwow war es auch, der Haass geholfen hatte, eine Schule für Kinder von Gefangenen und minderjährige Häftlinge zu gründen, die dank reichlicher Spenden gebaut und eingerichtet werden konnte. Er und Kaufmann Rachmaninow waren Fjodor Petrowitschs wichtigste Helfer und Beschützer. Sie unterstützten ihn in seinen Kämpfen mit den Behörden und halfen ihm, wenn es darum ging, Kinder von Verbannten freizukaufen. Für die Schule und die Krankenhäuser opferte Lwow fast sein ganzes Vermögen.

Jedesmal, wenn der Metropolit Filaret einer Komiteesitzung präsidierte, hatte Haass einen besonders schweren Stand. Mit leiser, aber deutlich artikulierender Stimme unterbrach Filaret häufig dessen temperamentvolle Ausführungen. Ruhig und gelassen sprach er davon, daß der Doktor wohl wisse, daß, wer einen einzelnen Kranken pflege, zugleich auch an die Gesunden denken müsse, die womöglich angesteckt werden könnten. Nicht anders liege der Fall bei einem Verbrecher. Wenn man einen gefährlichen Feind des Staates und der Gesellschaft pflege, müsse dabei auch an jene gedacht werden, die er bestohlen, beraubt, ermordet habe. Und auch an jene sei zu denken, welche die Verantwortung dafür trügen, daß ein Verbrecher nicht fliehen, keine neuen Untaten und Morde verüben könne. Man dürfe nicht gestatten, daß Mitleid mit einem oder auch einem Dutzend gefährlich sündiger Menschen sich in Hartherzigkeit gegenüber vielen Hunderten, ja Tausenden von Menschen verkehre, denen die durch Milde verwöhnten Verbrecher noch schlimmere Leiden antun könnten als zuvor. Und die harten und strengen Gesetze seien eben aus Mitleid mit der großen Mehrzahl der schuldlosen Menschen entstanden.

Fjodor Petrowitsch erwiderte, das beste Gesetz gleiche wohl dem Gebot des Sabbats. Die Menschen seien aber nicht für den Sabbat da, sondern umgekehrt. Wichtiger aber als alle Gebote sei das Gesetz Christi.

»... Das Wohl der Gesellschaft, das Wohl des Staates, die Achtung vor den Gesetzen sind jedem Bürger heilig, jedem Christen. Und unsere Sorge für den unglücklichen Gefangenen läßt sich nicht von der Sorge um das Wohlergehen des Staates trennen. Daher darf die Bestrafung des Verbrechers nicht nur aus Rache erfolgen und die Abschreckung anderer bezwecken. Auch wenn ein Verbrecher mit dem Tode bestraft wird, begleitet ihn ein Geistlicher zur Hinrichtung. Der Verurteilte beichtet und betet, um geläutert vor das höchste Gericht zu treten. Gefängnis, Zwangsarbeit, Verbannung sind Strafen auf Zeit, auf Jahre, und selbst wenn die Strafe unbefristet, lebenslänglich ist, so betrifft sie nur das irdische Leben, die Seele ist unsterblich. Und eben darum muß man den Verbrecher zum Wohle der Gesellschaft so strafen, daß er die Möglichkeit hat, sich zu bessern, daß er Reue empfindet. Wir wollen die verirrten Schafe retten, ihre verstockten Herzen dem Guten zuwenden. Denn eines Tages werden sie entweder in die Gemeinde zurückkehren, in der sie früher gelebt haben, oder sie werden dort in Sibirien in neuen Gemeinden leben. Sie haben Kinder oder werden welche haben, unschuldige Kinder, die sie beeinflussen und erziehen müssen.

Gegenwärtig wird ein unglücklicher Mensch, der zufällig oder in einem Augenblick der Verblendung oder aus Charakterschwäche das Gesetz übertreten hat, mit eingefleischten Bösewichtern zusammengeschmiedet. Der minderjährige Knabe empfängt die lasterhaften Belehrungen erwachsener, erfahrener Sünder und verstockter Verbrecher; von den Beamten und den Begleitmannschaften – Dienern des Staates – erfährt er aber nur Unterdrückung und Kränkung. Ein Dorfmädchen, das der Gutsherr im Zorn über eine geringe Nachlässigkeit auf drei Monate ins Arbeitshaus stecken läßt, hat die Zelle mit üblen Frauenzimmern, ja mit Verbrecherinnen zu teilen.

Gefängnis, Zuchthaus und Verbannung sind heute keine Mittel zum Schutz für Gesellschaft und Staat, sondern sie sind im Gegenteil regelrechte Brutstätten des Verbrechens und der Sittenlosigkeit. Sie töten das Gewissen, erziehen zu Lastern und Grausamkeit. Dagegen habe ich aber so manchen Übeltäter gekannt, der im Gefängnis einem gerechten Kommandanten begegnete, die Predigten eines guten Geistlichen hörte, christliche Fürsorge von wohltätigen Menschen erfuhr, Brot und Kleidung geschenkt bekam und dann nach Sibirien zog, wohl in schweren Ketten, aber mit erleichterter Seele. Er kam als Verbrecher, als Bösewicht, und ging fort als reuiger Sünder.«

Auf jeder Sitzung referierte Haass über Fälle von Ungerechtigkeit, von unangemessen strenger Verurteilung. Sein ständiger Gegenspieler war der Departement-Direktor im Justizministerium, Pawel Iwanowitsch Degaj. Dieser kluge und gebildete Mann kannte sich nicht nur ausgezeichnet im russischen Rechtswesen aus, sondern ebensogut in dem anderer Länder und dem des klassischen Altertums. Er liebte elegante Rhetorik, glaubte an den Segen der Aufklärung und war Haass aufrichtig gewogen. Doch er hielt ihn für einen naiven herzensguten Träumer, den gerissene Verbrecher zum Narren hielten und dessen Vertrauensseligkeit von listigen Heuchlern mißbraucht werde, da er unfähig sei, hinter frommen Reden Böses zu erkennen.

»Mein teuerster Fjodor Petrowitsch, ›dura lex, sed lex‹*, und da kann ich kein Jota nachgeben. In unserer noch so unaufgeklärten Zeit, bei unserem leider noch so unaufgeklärten Volk ist strikte Einhaltung der Gesetze unabdingbar, um den ordentlichen Bürgern und der Gesellschaft insgesamt ein friedliches Leben zu sichern. Auch die so dringend erwünschte Aufklärung kann nur dort Erfolge zeitigen, wo die Gesetze eingehalten werden.

Wir dürfen uns selbst von den allerbesten Herzensregungen nicht leiten lassen, wenn sie im Widerspruch zum Gesetz stehen, wir dürfen nicht listig nach krummen Seitenwegen suchen, nach Spalten, Rissen und Lücken, wenn uns ein Gesetz zu streng erscheint.

Sie in Ihrer großen Herzensgüte wollen den Arrestanten nicht nur Arzt sein, sondern auch Anwalt und Fürsprecher. Deswegen geraten Sie in Konflikt mit den Konvoi-Kommandanten und den Gefängnisbeamten. Sie bekämpfen Gerichtsurteile und Anordnungen der Gouvernementsverwaltung und sind sogar geneigt, die Gerechtigkeit der geltenden gesetzlichen Bestimmungen anzuzweifeln.

Daher setze ich Sie in Kenntnis, mein bester, leider aber nicht immer genügend informierter und über jedes Maß weichherziger Fjodor Petrowitsch, daß mit dem allerhöchsten Ukas aus dem Jahre 1823 in Abänderung der äußerst strengen Gesetze des vergangenen Jahrhunderts den Leuten niederen Standes das Recht konzediert worden ist, Beschwerde zu führen bezüglich einer Bestrafung in einem Kriminalfall, wohlgemerkt: Beschwerde – keineswegs aber eine Appellation. Diese Beschwerde ist an den Regierungssenat zu richten. Erweist sich eine solche Beschwerde als ungerechtfertigt, unterliegt der Beschwerdeführer der Körperstrafe. So kann ein übermäßig mitleidiger Sachwalter seinen Schützling unter die Rute oder unter die Knute bringen.

Weiter laut Gesetz: diejenigen Personen, die durch einen Urteilsspruch sämtlicher Rechte verlustig gingen, dürfen bis zum Vollzug des Urteils, das heißt bis zur Ankunft in Sibirien, keine Beschwerde einreichen. Und denen, die zur Ver-

* Hart ist das Gesetz, aber es ist Gesetz.

bannung nach Sibirien verurteilt worden sind, ist es strengstens untersagt, Beziehungen mit in Rußland lebenden Personen zu unterhalten, sie dürfen nicht einmal mit ihren Familienangehörigen korrespondieren.

Ich sehe Ihrem guten Gesicht an, daß diese außerordentlich strengen Gesetze Ihnen tiefsten Kummer bereiten. Und ich versichere Sie, wir werden uns für Milderung dieser Gesetze einsetzen. Wir werden bitten und flehen. Aber wir werden uns nicht unterfangen, die Gesetze zu verletzen, zu übertreten. Ich weiß, wie tief gläubig Sie sind, und erlaube mir daher, Sie an ein Wort des Evangeliums zu erinnern: Gebt dem Kaiser, was des Kaisers ist, und Gott, was Gottes ist.«

»Ich weiß das alles sehr wohl, bester Pawel Iwanowitsch. Ich habe mich niemals unterfangen, den kaiserlichen Gesetzen zuwider zu handeln. Meine flehentlichen Bitten gehen ja nur dahin, daß die Gesetze auch eingehalten und nicht verletzt werden, daß diese Gesetze richtig und nicht zum Schaden der Menschen und des Staates ausgelegt werden...

Sie sagten zum Beispiel: ›Beschwerde darf erst nach vollzogenem Urteil eingereicht werden.‹ Wie ist das auszulegen? Wenn ein Unglücklicher meint, er sei unschuldig zu vielen Knutenhieben und zur Verbannung nach Sibirien verurteilt worden, wann darf er sich dann beschweren? Erst nach der harten Bestrafung, wenn er in seinem Blute, vielleicht gar im Sterben liegt?... Verbannte brauchen etwa ein Jahr, bis sie Sibirien erreicht haben. Von wo aus darf der Häftling sich dann beschweren? Wie ist es, wenn er dort zur Ansiedlung nach Nertschinsk muß? Dann dauert es noch weitere Monate. ›Nach Vollzug des Urteils!‹ Man könnte das auch so auffassen, als sei das Urteil erst nach Verbüßung der Verbannungsfrist vollzogen – das heißt nach zehn oder fünfzehn Jahren –, und der Unschuldige dürfe sich erst dann beschweren. Und was ist mit jenen, die zu lebenslänglichem Zuchthaus verurteilt sind? Sie können das Beschwerderecht dann ja überhaupt nicht nutzen.«

Einige Komiteemitglieder nickten Haass beipflichtend zu. Sein Opponent hob nur lächelnd die Arme:

»Unser Fjodor Petrowitsch ist ein hervorragender Rhetor, er sollte eigentlich im Senat sitzen und nicht kranken Vagabunden Einläufe machen. Dennoch, ich kann nur wiederholen: ›Gesetz ist Gesetz.‹«

Der Metropolit erhob sich. Alle schwiegen erwartungsvoll. »Sie sprechen stets von unschuldig Verurteilten, Fjodor Petrowitsch. Doch unschuldig Verurteilte gibt es nicht. Wenn ein Gericht eine Strafe verhängt, so bedeutet dies, daß der Verurteilte schuldig ist.«

Haass sprang auf:

»Eminenz, was sagen Sie da?! Sie haben Christus vergessen!«

Ringsum erschrockenes, beklommenes Schweigen.

Haass verstummte, setzte sich und barg seinen Kopf in den Händen.

Filaret schaute ihn aus zusammengekniffenen, ohnedies kleinen Augen an, neigte einige Sekunden den Kopf:

»Nein, Fjodor Petrowitsch, so ist es nicht. Ich habe Christus nicht vergessen. Aber als ich eben diese voreiligen Worte sprach, hatte Christus mich vergessen.«

Er sprach leise und leidenschaftslos. Mit knappen Bewegungen seiner kleinen trockenen Hand segnete er die Anwesenden und verließ den Sitzungssaal.

VIII. Don Quixote im abgewetzten Frack

Frühmorgens machte Haass Visite im Alten Katharinen-Hospital, dem Krankenhaus für das arme Volk.

Er hatte sein eigenes Haus aufgegeben und war in zwei Räume des Krankenhauses übergesiedelt. Seitdem weckten die Pfleger ihn manchmal auch nachts, wenn sie sich nicht zu helfen wußten. Nach dem Morgentee ging Haass stets durch alle Krankensäle, prüfte den Zustand der am Vortag Behandelten, untersuchte neu eingelieferte Patienten. Anschließend inspizierte er den Fortgang der Bauarbeiten, die der Modernisierung und Erweiterung des Krankenhauses dienten.

Gewöhnlich begleitete ihn sein Zögling Norschin. Der jüdische Waisenknabe war als Zwölfjähriger in eine Abteilung litauischer Kantonisten[32] gesteckt worden. Auf dem Weg zum Ausbildungsort erkrankte er, war entweder zurückgeblieben und verlorengegangen, oder man hatte ihn wegen seiner Untauglichkeit einfach liegengelassen, jedenfalls geriet er mit hohem Fieber in ein Arrestlokal der Moskauer Polizei. Dort fand ihn Fjodor Petrowitsch, nahm ihn mit in sein Krankenhaus und pflegte ihn gesund. Der Junge, der anfänglich nur jiddisch sprach, war sehr wißbegierig und lerneifrig. So behielt Fjodor Petrowitsch ihn bei sich, unterrichtete und erzog ihn.

Norschin begleitete Haass durch die Krankensäle, freute sich über jeden ihm erteilten Auftrag, zeigte sich sehr anstellig und lernte mit glühendem Eifer. Er wurde katholisch getauft und erhielt den Vornamen des regierenden Zaren: Nikolaj. Selbst der anspruchsvolle Doktor Andrej Iwanowitsch Pohl erkannte an, daß der Jüngling im Studium der medizinischen Wissenschaften rasche und gute Fortschritte machte und geschickt mit den Patienten umzugehen verstand.

Hatte Haass die morgendliche Visite im Alten Katharinen-Hospital beendet, begab er sich in die Gefängniskrankenhäuser. Dreimal wöchentlich fuhr er auf die Sperlingsberge, versäumte nie, eine abgehende Partie zu verabschieden. Und nachdem er mit der finanziellen Hilfe von Frau Rachmanowa, des Kammerherrn Lwow und anderen Spendern die »Halbetappe« Rogoshsk hatte einrichten können, fuhr er stets auch auf ein letztes Lebewohl dorthin, brachte Eßwaren und Almosen.

An manchen Abenden fand er auch noch Zeit, alte Freunde und neue junge Bekannte zu besuchen – Professoren, Journalisten, Literaten.

Es machte ihm Freude, der fröhlichen Jugend zuzuschauen und sich mit den Damen über ihre Familien, häusliche Sorgen und allerlei Krankheiten zu unterhalten. Er hielt sich für einen tüchtigen Ökonomen, hatte ja selbst – wenn auch nur für kurze Zeit – ein Landgut und eine Fabrik besessen und befaßte sich unermüdlich mit Bau, Umbau und Ausbau von Krankenhäusern. Freunde versuchten ihn zu überzeugen, daß er Wunsch und Wirklichkeit oft nicht auseinanderhalten könne, daß er nicht sehe, wie Verwalter, Bauführer, Vorarbeiter, Zulieferer ihn gnadenlos betrögen. Er winkte nur ab, warf den Freunden ihr unchristliches Mißtrauen vor und erteilte weiterhin gern hauswirtschaftliche und geschäftliche Ratschläge. Im Unterschied zu seinen ärztlichen Anweisungen vergaß er solche Ratschläge allerdings häufig wieder, und es kränkte ihn auch nicht übermäßig, wenn sie nicht befolgt wurden.

Die Damen stopften seine Fracktaschen voll Geld, nötigten ihn, Paketchen mit Fleisch, Käse oder Obst mitzunehmen, und er bedankte sich gerührt, überzeugt, die Geschenke seien nicht für ihn, sondern für seine Schützlinge bestimmt, für die Kranken und Gefangenen.

»O merci, merci beaucoup! Danke von ganzer Seele, Madame, in ihrer aller Namen! Sie sind so unglücklich. Am Dienstag werden wieder einige Frauen mit Kleinkindern abgeschickt. Mittags werden sie schon in Rogoshsk sein. Wenn einer Ihrer Bekannten eine gute Tat tun möchte... Vergessen Sie nicht, Dienstag mittag. In Rogoshsk läßt man Besucher bis zum Dunkelwerden ein.«

An einem stürmischen Winterabend hatte Fjodor Petrowitsch noch spät einen dringenden Krankenbesuch zu machen. Schon den ganzen Tag über hatte wildes Schneetreiben geherrscht, gewaltige Schneewehen hatten sich aufgetürmt.

Haass mühte sich zu Fuß durch den tiefen Schnee, seine alten Pferde hätten den Schlitten nicht durch diese Unwegsamkeit ziehen können. In seinen abgeschabten, aber doch immer noch gut wärmenden Wolfspelz gehüllt, stapfte er in den großen filzgefütterten Stiefeln dahin, bald im Schnee einsinkend, bald über Balken und Bretterplanken tappend. Vornübergebeugt stemmte er sich gegen den scharfen Wind, der ihm Schneekristalle ins Gesicht peitschte. Der gelbliche Schimmer der wenigen Öllaternen durchdrang kaum die dichte Finsternis. Die Straßen lagen wie ausgestorben. Niemand wagte sich bei diesem Wetter hinaus. Doch plötzlich kamen aus einer Seitengasse drei zerlumpte Männer mit tief in die Stirn gezogenen Mützen. Knorrige Knüppel schwingend, stürzten sie auf den alten Mann los:

»Los, Onkel, Pelz und Mütze her. Dalli, dalli. Und alles Geld!«

»Meinen Pelz wollt ihr? Gut, gut. Ich sehe ja, daß ihr sehr schlecht bekleidet seid. Geld habe ich nur wenig. Ich gebe es euch gern. Nur gewährt mir eine Gnade, gute Leute: Ich bin Doktor, Arzt, muß rasch zu einem Kranken, einem sehr kranken, guten Menschen, Vater einer großen Familie. Bis zu seinem Haus ist es noch eine halbe Werst. Ohne Pelz werde ich nicht hingelangen. Laßt uns zusammen gehen. Ihr habt nichts zu befürchten. Die Straßen sind nicht belebt. An der Haustür gebe ich euch meinen Pelz. Das Geld könnt ihr schon jetzt haben.«

Einer der Burschen, ein baumlanger Kerl, lachte böse und hob drohend seinen schweren Knüppel. Ein anderer, schon älterer, hielt ihn zurück, trat dicht an Haass heran, betrachtete ihn:

»Wart, wart! Arzt bist du, hast du gesagt? ... Brüder, das ist ja Fjodor Petrowitsch! Väterchen, allergnädigstes, wer wird denn wagen, dir was anzutun?! Verzeih, um Christi willen! Komm, Väterchen, wir werden dich begleiten, damit sich kein Halunke an dich rantraut. Nichts werden wir von dir nehmen. Wenn ich bloß eine einzige Kopeke hätte, ich würde sie dir für die guten Werke geben.«

Im dichten Zigarren- und Pfeifenqualm konnte man kaum die Gesichtszüge der Diskutierenden unterscheiden. Fjodor

Petrowitsch saß am Fenster, neben dem geöffneten Klappfensterchen, wedelte mit dem Taschentuch den Rauch von sich fort und hörte dem lebhaften Disput interessiert zu:

»Nein, bester Freund, Sie werden mich niemals davon überzeugen, daß es ausgerechnet Rußland bestimmt sein soll, den Völkern dieser Erde ein Licht aufzustecken, den rettenden Weg zu zeigen fort von Sünden, Eigennutz, Haß und jeglichem Verbrechen. Ich verehre, mehr noch, ich liebe jene gütigen Herzen, jene erlauchten Geister, in denen dieser herrliche Traum entstand, so herrlich und so illusionär wie eine Fata Morgana, eine Vision in der Wüste. Der Wanderer, von Durst gepeinigt, unerträglichem Durst, sieht plötzlich in der Ferne eine blühende Oase, schattige Bäume, Brunnen, Zelte. Sieht das alles leibhaftig vor sich, obwohl nichts davon existiert. Nur in seiner Phantasie gibt es diese Oase. So sind auch Ihre Träumereien von Rußlands großer Zukunft. Woher soll sie denn kommen? Die hingebungsvollsten, opferwilligsten Träumer wurden entweder an jenem Dezembertag 1825 von Kartätschen zerfetzt oder später aufgehängt oder in die sibirischen Bergwerke getrieben, wo sie sich noch immer abquälen, in Ketten schmachten, Erz hauen, frieren, hungern, auf den erlösenden Tod warten ...«

»Du ereiferst dich ganz und gar unnütz, mein Freund, hast ja den Kern der Sache überhaupt nicht erfaßt. Uns bewegen keineswegs die Träume dieser opferbereiten, edlen, aber hoffnungslos irregeleiteten russischen Patrioten. Wir widersetzen uns der Staatsmacht nicht, erlauben nicht einmal den Gedanken daran, die Waffen auf unsere Landsleute zu richten, sie gegen den Thron zu erheben. Wir wissen! Begreife das doch, du ungläubiger Thomas, wir träumen nicht, wir glauben nicht, sondern wir wissen, daß das russische Volk – in allen Ständen – große geistige Kräfte besitzt, verborgene, erst im Keim vorhandene und offen zu Tage liegende: in den alltäglichen Mühen unserer Ernährer, der Bauern, in den bescheidenen Heldentaten der Gottes-Diener – der Priester und Beter –, in den Werken der Künstler und Gelehrten, den Schöpfungen des Wortes und der Hand ...«

»Kräfte sind freilich wohl vorhanden, wenn wir sie auch bei weitem überschätzen. Man hat ja bereits Shukowskij[33] mit Homer gleichgestellt, Karamsin[34] mit Herodot, und Puschkin[35] hat sich selbst als Horaz aufgespielt. Ach, meine

Herren, ihr Moskauer ›Liebhaber der Weisheit‹[36], all diese prächtigen Träume sind, wenn man sie genau betrachtet und bedenkt, doch nur Spiegelungen, Reflexe von Ereignissen, die durch ganz andere, keineswegs geistige Kräfte hervorgerufen wurden. Der siegreiche Marsch nach Paris, die Siege an der Donau und im Vorgebirge des Ararat, die Rückeroberung Warschaus[37], das alles läßt auch manch klugen Kopf schwindlig werden, der sich dann allerlei einbildet – über sich selbst, über uns alle und wer weiß, über wen sonst noch. Alle anderen Völker sind ihm nur Spreu oder einfach Unkraut, nur wir Russen sind echte, gottgesäte Pflanzen – das Neue Israel, das Dritte Rom.[38] Kommt doch zur Besinnung, Brüder! Bei Gott, ich liebe mein Vaterland nicht weniger als Sie, kenne meine Landsleute nicht schlechter, und Rußlands Wohl ist mir teuer. Davon zeugen meine Narben und Schrammen, die ich von den Türken- und Tscherkessenkugeln heimgetragen habe und leider auch von den Kugeln unserer polnischen Brüder. Aber meine Liebe ist vernünftig. Ich liebe euch Moskauer Philosophen, liebe eure Gedichte, eure Werke und eure flammende Beredsamkeit. Aber diejenigen, die sich Bärte wachsen lassen, in Trachtenhemden und Kaftanen herumstolzieren und Kwas statt Champagner trinken, die kann ich nur bedauern, ja bedauern. Sie machen mich lachen, aber es ist kein fröhliches Lachen. Ihrer Meinung nach braucht man bloß einen General ›Wojewoda‹ zu titulieren und seine Gendarmen ›Strelitzen‹ zu nennen, alle mondänen Damen im Sarafan paradieren zu lassen und ihnen zu verwehren, französisch zu schwätzen, und sofort wird bei uns ein neues Goldenes Zeitalter anbrechen: Sklaven werden zu freien Ackerbauern, Milch und Honig werden zwischen Ufern von roter Grütze fließen.«

»Sie geruhen sarkastisch zu scherzen, Gnädigster, ganz Voltaires Schule, Pariser Salz. Doch ehe Sie anderen törichte Pläne zuschreiben, geruhen Sie, vernünftiger Sohn des Vaterlandes, sich herbeizulassen, uns Unvernünftigen zu erklären, wie man sich Ihrer Meinung nach um das Aufblühen dieses Vaterlandes, dessen Größe und beispiellose Siege Sie ja selbst anerkennen, sorgen müßte. Wie könnten Wohlfahrt und Glück für alle Bewohner Rußlands erreicht werden? Etwa durch englische Dampfschiffe und Dampfwagen, durch ausländische Maschinen und ausländische Einrichtungen? Wollen Sie denn allen Kaufleuten und Bauern deutsche Gehröcke anziehen, allen Beamten französische Causerie beibringen und schließlich auch noch Parlamente einführen, in denen eitle Schwätzer die göttlichen und staatlichen Gesetze schmähen? Wollen Sie Gazetten und Journale zulassen, in denen gewissenlose Schmierfinken das Heiligste – Thron und Altar – verspotten? Gerade dies hatten ja diese Wahnwitzigen im Sinne, die an jenem berüchtigten Dezembermorgen des Jahres 1825 ihren Anschlag gegen die Grundmauern des russischen Imperiums verübten. Sie zu unterstützen, waren nicht nur die vorwitzigen jungen Gardeoffiziere bereit, die sich auf den Feldzügen in fremden Ländern mit dem Jakobinertum wie mit Krätze infiziert hatten. Nein, mit Verlaub, auch der berühmte Verseschmied, Herr Puschkin, den viele meiner Freunde als Genie bewundern, und auch unser Moskauer Sokrates, Herr Tschaadajew[39], haben sich dieser Afterweisheit anheimgegeben. Wir hatten geglaubt, das ehrwürdige Moskau, dieses Bollwerk russischer Rechtgläubigkeit, werde den schädlichen fremden Einflüssen nicht erliegen. Und auch ich hatte geglaubt, nur wenn es einen jungen Moskauer nach Petersburg verschlage, könne er in Verblendung geraten, so wie etwa dieser Michèl Lermontow.[40] In törichter Begeisterung für sein Idol Puschkin und angesteckt vom jakobinischen Geist in den Petersburger Husarenkasernen, verstieg er sich zu derart dreisten Gedichten, daß er sich den höchstpersönlichen Zorn Seiner Majestät zuzog. Dabei war er ein begabter Jüngling, ein tapferer Offizier. Und welch trauriges Ende! Er fiel nicht in der Schlacht fürs Vaterland, sondern in einem dummen Duell, geradeso wie sein Idol, dieser Puschkin.

Aber auch in der Moskauer Universität, vis-à-vis den Kremlmauern, hat die ansteckende Jakobinerkrätze die Herzen und Sinne der Studenten durchdrungen. Schuld daran sind, versteht sich, die Sophistereien der Professoren, die sich für Leuchten der Aufklärung halten. Schon wieder haben sich Söhne edler Familien infiziert, junge Leute wie Nikolaj Ogarjow[41] und Sascha Herzen[42] – Sie wissen ja, dieser natürliche Sohn von Jakowlew und einem deutschen Dämchen, das er sich aus dem Ausland mitgebracht hatte –, diese beiden Verblendeten hatten mit ihren Kumpanen davon geträumt, wie die Pariser Barrikaden aufzubauen, nach Fouriers Rezept[43] »Phalanstères« in russischen Städten und Dörfern einzurichten. Man hätte sie tüchtig durchprügeln sollen, um ihnen Vernunft beizubringen, aber leider bewahrte sie ja der Ukas über die Adelsprivilegien vor der verdienten Rute.

Ich sehe, Fjodor Petrowitsch, unser gütiger Äskulap, runzelt die Stirn und wippt nervös mit dem Fuß; ihm gefallen meine Klagen nicht. Ist auch verständlich, er ist ja Ausländer, Andersgläubiger. Aber Sie, mein Wertester, Sprößling altadliger Wurzeln, Ihnen obliegt es, mit dem Verstand zu begreifen und mit dem Herzen zu fühlen, wie nahe verwandt die Worte Vätererbe und Vaterland sind. Nicht nur in Wort und Klang. Das Vaterland ist uns von den Vätern und Vorvätern als geheiligtes Erbe anvertraut. Darin liegt unsere Stärke, unser ganzes Sein. Selbst die allerbesten, allerklügsten Ausländer sind unfähig, Rußland zu verstehen, und daher können wir von ihnen auch nichts lernen. Sie sollen nach ihrer Façon selig werden, uns ist unsere Armut lieber als all ihr Luxus, und noch lieber unsere Größe und unser Ruhm.«

»Sie haben in diesem interessanten Zusammenhang vollkommen unangebracht Fjodor Petrowitsch erwähnt. Indem Sie ihn als Beispiel anführen, widerlegen Sie ja Ihre eigene These. Denn dieser gute Ausländer weiß von Rußland nicht weniger als wir und versteht möglicherweise sogar noch mehr von ihm. Er ist ja nicht nur mit hohen Würdenträgern und gelehrten Herren bekannt. Täglich kommt er mit Bauern, Kaufleuten, Soldaten und den Allerärmsten der Armen aus allen Ecken und Enden unseres großen Rußland zusammen. Er betrachtet sie nicht im Vorüberfahren aus den Fenstern seiner Kutsche, nicht von oben herab, durchs Lorgnon blinzelnd, von der Freitreppe seines Herrenhauses. Er pflegt und heilt ihre Körper, blickt in ihre Seelen, fühlt sich in sie ein. Ist es nicht so, Fjodor Petrowitsch?«

»Wirklich, so ist es! Gerade so, liebwerter Herr. Und eben deswegen unterstehe ich mich, Ihnen – dem einen wie dem anderen – zu widersprechen. Ich habe Ihrem Disput mit größter Aufmerksamkeit zugehört. Ich achte Sie alle hoch und habe Sie herzlich gern. Doch ich kann Ihnen generaliter nicht beipflichten, wenn ich auch respektiere, daß Sie ernste und schwerwiegende Argumente für Ihre Thesen und Antithesen haben. Gestatten Sie mir, folgendes darzulegen:

Das Russische Imperium ist eine Großmacht, die größte Macht in Europa, in Asien und auf dem ganzen Planeten. Das ist die Wahrheit. Nun haben wir uns zu fragen: Warum ist das so? Wie ist das möglich geworden? Es hat Kiew gegeben und Nowgorod, dann kamen die wilden Tataren mit Zerstörung und Unterjochung. Das kleine Moskau entstand, entwickelte, entfaltete sich, wuchs, wurde zum Moskauer Reich, dann kam der große Peter und mit ihm das große Russische Imperium...«

»Erbarmen, Fjodor Petrowitsch! Willst du uns hier etwa den alten Karamsin nacherzählen?«

»Aber nein doch! Ich bitte um ein klein wenig Geduld. Diesen Rückblick tat ich nur, um daran zu erinnern, daß Großrußland sehr alte, sehr tiefe Wurzeln, sehr wichtige Quellen besitzt. Darum ist auch patriotischer Stolz durchaus natürlich, er ist sozusagen gesetzmäßig. Doch ich weiß auch etwas anderes. Ich weiß, daß es niemals und nirgendwo ein Land, einen Staat oder eine Nation gegeben hat, die nur aus einer einzigen Wurzel erwachsen, nur von einer einzigen Quelle gespeist worden wären.

Das Römische Reich hatte unter anderen auch Wurzeln in Griechenland; alle europäischen Staaten sind Enkel Roms. In den deutschen Staaten – ich bin im Rheinland geboren und aufgewachsen, studierte aber als Jüngling in verschiedenen deutschen Städten – habe ich Ideen kennengelernt, die denen, die heute hier in Moskau diskutiert werden, sehr ähnlich sind. Die deutschen Adelsleute sprechen besser Französisch als ihre eigene Muttersprache, und manche weilen lieber in Paris als zu Hause. Vor hundert Jahren sagten und schrieben aufgeklärte Deutsche: Frankreich, England, Italien haben eine hohe, uns überlegene Geisteskultur, die deutschen Staaten sind demgegenüber ärmliche Provinz, und die Deutschen selber sind die unaufgeklärten, armen Verwandten ihrer hochangesehenen Nachbarn... Solche Gedanken und ihnen entgegengesetzte Auffassungen gab es auch schon in früherer Zeit. Sie wissen, ich bin Katholik, in meiner rheinischen Heimat wohnen fast nur Katholiken. Für sie ist der wichtigste Mensch auf dieser Erde der Heilige Vater in Rom. Doch vor mehr als dreihundert Jahren hat der deutsche Mönch Martin Luther, ein sehr starker, sehr kluger, aber, wie ich glaube, auch ein sehr sündiger Mensch, laut verkündet: ›Wir Deutsche brauchen keinen Papst in Rom. Wir brauchen keine Bibel in lateinischer Sprache.‹

Er sagte das gleiche, was auch Sie sagen: ›Wir haben von Ausländern nichts zu lernen.‹ Hundert Jahre nach Martin Luther kam es zu einem entsetzlichen Krieg, in dem deutsche Christenmenschen dreißig Jahre lang einander ausrotteten. Und noch viel früher hatten sich die tschechischen Hussiten vom Papst losgesagt, weil sie den zumeist fremdländischen Bischöfen nicht untertan sein wollten. In anderen Ländern geschah ähnliches. In Frankreich gab es zum Beispiel die Hugenotten. Auch sie wollten keinen Papst, wollten sich von italienischen und spanischen Papisten nicht belehren lassen.

Ja, ja, ich sehe, Sie wollen mir entgegenhalten, das seien Religionskriege gewesen. Freilich, viele kämpften für eine andere Glaubensauffassung. Aber bedenken Sie auch, daß eine neue Religion fast immer ihren Beginn darin hat, daß ein Stamm, ein Volk seine eigene autochthone Kirche haben will, unabhängig von fremdländischen Lehrern. In den deutschen Staaten, auch in den Niederlanden und England hatten die Religionskriege gewiß auch noch andere Gründe, machtpolitische Gründe. Doch das ist ein anderes Thema, darüber wollte ich nicht sprechen.

Ich frage mich vielmehr: Warum, wie, wodurch entstehen Feindschaft und Mißtrauen gegenüber Menschen aus fremden Ländern?

Da gab es den preußischen König Friedrich II. Viele nennen ihn ›den Großen‹, viele bezweifeln seine Größe. Denn er war ein Atheist und Zyniker, mit Voltaire befreundet. Überdies, obwohl er ein deutscher König war, sprach und schrieb er besser französisch. Und die Franzosen in seinen Diensten – Beamte, Offiziere, Künstler, Handwerker – entlohnte er besser als die Deutschen. Diese Nichtachtung deutscher Sprache und deutscher Sitten seitens der großen Herren führte dazu, daß schon im vergangenen Jahrhundert bei vielen Deutschen Antipathie gegen die Franzosen entstand. Dann kam die Französische Revolution, ein Krieg folgte dem anderen. Französische Truppen eroberten meine Geburtsstadt und auch die Stadt, in der ich studierte. Die französischen Offiziere und viele Soldaten waren Atheisten. Nein, richtiger gesagt, sie frönten rationalistischen Ideen, zuerst republikanischen, später imperialen. Die Rationalisten aber erkennen keine Kirchen an. Alle Klöster und Kirchen wurden aufgehoben, auch die katholischen Schulen und Hochschulen. Die französischen Generäle, Offiziere und auch viele Soldaten glaubten, Frankreich sei die allen anderen überlegene, aufgeklärteste und wohltätigste Macht der Welt. Die Franzosen eroberten andere Länder, führten dort ihr Regime ein, ihre Gesetze, ihre Münze und ihren Kalender. Ich studierte in Köln, als diese alte, von den Römern gegründete, katholische Stadt zur französischen Republik gehörte. Auf meinem Zeugnis der Kölner Akademie stand als Datum: XXI. Vendémiaire des 11. Jahres der Republik. Nach christlichem Kalender war das der 13. Oktober 1802. In jenen Jahren wollten viele gute Deutsche die Franzosen verachten, sich nur an die deutschen Wurzeln und Quellen halten, in der Gewißheit, sie seien die besten der Welt.«

»Das verlangen exactement auch unsere ›Liebhaber der Weisheit‹.«

»Ja, mein Herr, dieses Phänomenon möchte ich behandeln. Dabei muß ich betonen: Ich verstand die patriotischen Gefühle meiner deutschen Landsleute durchaus, aber ich konnte niemals ihre Feindseligkeit gegenüber den Franzosen teilen, auch nicht ihre Verachtung der französischen Sprache und Kultur. Eine solche Feindschaft ist nach meinem Dafürhalten unchristlich; es ist eine schwere Sünde und noch dazu schwärzeste Undankbarkeit. Viele Generationen von Deutschen haben aus französischen Büchern großen Nutzen gezogen – aus theologischen, philosophischen und anderen gelehrten Werken. Der heilige François de Sales[44] ist noch heute einer meiner liebsten Lehrer. Auch meinem verehrten Lehrer Schelling[45] habe ich diese Lektüre nachdrücklich empfohlen.«

»Schelling gehört Ihnen keineswegs allein, Fjodor Petrowitsch! Auch bei unseren Patrioten steht er als Lehrer an erster Stelle. Sie mögen noch so wütend all die berüchtigten Westler attackieren, den Professor Granowskij[46] nicht minder als den Literaten Belinskij[47]. Sie mögen sie noch so gnadenlos beschimpfen, in ihnen Verräter der Nationalheiligtümer sehen, trotzdem verehren sie Goethe und Schelling weitaus mehr als alle ihre heimatlichen Ahnen. Auch Ihre Romantiker, die Jenaer und Heidelberger Träumer, sind unseren ›Liebhabern der Weisheit‹ verständlicher und vertrauter als die größten Geister altrussischer Frömmigkeit. Übrigens, nicht nur die Deutschen haben es ihnen angetan. Homer – im Original und in der Übersetzung von Shukowskij –, Rousseau, Chateaubriand, Walter Scott waren ihnen ja von Kindheit an vertraut. Von unseren Bylinen und Chroniken aber, vom ›Igorlied‹ und von der ›Sadonschtschina‹[48] haben sie allenfalls als Studenten zum ersten Mal gehört, wahrscheinlich sogar noch später.«

»Und was folgt daraus? Wer die Wahrheit im reifen Alter gefunden hat, überwindet um so erfolgreicher die Verirrungen seiner Jugend.«

»Soll das etwa heißen, teuerster Dialektiker, daß Goethe und Schelling für Sie Jugendsünden sind, die Wahrheit aber im seidenen Stehbörtchen-Hemd, samtenen Kaftan, kalbsledernen Stiefeln und, versteht sich, in der krampfhaften Nachahmung der Redeweise des Volkes liegt? ... In der vergangenen Woche ging einer von diesen Slawophilen in die Teestube auf der Twerskaja, um sich dem Volk zu nähern. Und ich hörte, wie die Droschkenkutscher sich über ihn unterhielten:

›Das ist einer von den hiesigen verrückten Herrschaften. Für den ist jeder Tag Butterwochen-Karneval. Guck bloß, wie er sich herausgeputzt hat, wie 'n Gaukler auf 'm Jahrmarkt. Die nennen so was Maskerade.‹

Daraufhin setzte ein älterer Mann, dem Aussehen nach ein Kaufmann, den Kutschern auseinander: ›Nein Brüder, Maskerade, das ist was für drinnen, die machen sie in ihren Sälen in den Palästen. Aber dieser Herr treibt sich in der ganzen Stadt herum und quatscht die Leute an. Dabei spricht er ganz und gar wunderlich, klingt ein bißchen wie Kirchensprache, aber auch noch anders. Die Wörter sind wohl irgendwie russisch, aber verstehen kann man nichts. Erst meinten die Leute, er wäre ein Gottesnarr, aber dann bedachten sie sich: Gottesnarren gehen ja im Büßerhemd, dieser aber geht in Samt und Seide, lebt in einem Palast, hat kein einziges göttliches Wort im Munde. Das ist einfach ein verrückt gewordener Herr. Unsereinen würde man für solches

Herumstreunen ins Irrenhaus sperren und an die Kette legen. Einem Adelsherren ist alles erlaubt, er darf ungehindert verrückt werden.‹«

»So etwas sollten Sie nicht kolportieren, mein Herr, das ist ungehörig. Sie wissen sehr wohl, daß wir die Wahrheit nicht bei derartigen Spielereien suchen. Lesen Sie, was Kirejewskij, Chomjakow und die Axakows[49] schreiben. Urteilen Sie nach den Gedanken und nicht nach den Kneipenabenteuern von irgendwelchen Stutzern.«

»Einen Augenblick, meine Herren«, unterbrach Fjodor Petrowitsch, »ich hatte noch keine Gelegenheit, zu Ende zu sprechen. Sie begannen einen neuen Disput über Schelling und schweiften ab zu Teestuben und Maskeraden. Gestatten Sie, zum Hauptgegenstand zurückzukehren. Werte Herren, ich liebe Rußland sehr und glaube, auch die Russen ein wenig zu kennen. Sie, mein Herr, erwähnten dieses schon, ich danke Ihnen. Ich kenne die Russen, und darum liebe ich sie. Ich liebe sie nicht abstrakt-allgemein, ich liebe keine idealen Helden, sondern gewöhnliche Menschen. Ich liebe das große Moskau nicht weniger als mein kleines heimatliches Münstereifel, nicht weniger als das ehrwürdige Köln, als Jena und Göttingen, wo ich zu Füßen meiner geliebten und hochverehrten Lehrer saß. Ich bin Moskauer, ein treu ergebener Untertan des russischen Zaren. Aber ich würde nicht wagen zu behaupten: ›Ich bin ein Russe.‹ Nein, ich bin Deutscher, bin Rheinländer. Doch ich lebe schon mehr als vierzig Jahre in Rußland. Vierzig Jahre in Moskau, das sind mehr als zwei Drittel meines bisherigen Lebens, und ich wage zu glauben, daß ich inzwischen etwas von Rußland verstehe. Sie, mein Herr, vertreten die Ansicht, daß ein Ausländer Sie nicht verstehen kann. Da bin ich anderer Meinung. Es kommt sogar häufig das Gegenteil vor: der Außenseiter kann vieles erkennen, was das Auge des Einheimischen nicht bemerkt... So sehe ich zum Beispiel, daß Sie, meine Herren, erbittert miteinander streiten und glauben, Sie seien unversöhnliche Feinde: hie russische Patrioten, dort – wie Sie sie nennen – ›Westler‹. Aber ich glaube, die Verschiedenheiten und die gegensätzlichen Auffassungen sind gar nicht so erheblich. Sie alle sind sich ja darin einig, daß Rußland nicht zu einer Art Schweiz oder Frankreich werden soll. Gewiß soll man studieren, was in anderen Ländern gut ist. Doch wenn man nur nachahmt, kopiert, dann kann das beste Vorbild zu einer schlechten Imitation werden. Nehmen wir zum Beispiel eine schöne Villa mit großen Fenstern und Terrassen, aber ohne Ofen; darin kann man in Italien sehr gut wohnen, aber hier in Moskau würde man im Winter in so einer Villa schwer krank werden.

In Rußland fahren die kaiserlichen Kuriere sehr schnell – von Petersburg nach Moskau, von Moskau nach Kasan. Die Troika fährt, so schnell sie nur kann. Der Kutscher, und sei er ein noch so guter Mensch, schont die Pferde nicht. Seine Pferde sind ja auch sehr stark. In Rußland muß man sehr schnell fahren, denn Rußland ist groß und die Wege sind weit. Wenn in Deutschland oder Frankreich ein Postillion so schnell führe, würde er als Verrückter arretiert. Denn dort sind die Straßen kürzer und die Pferde schwächer.«

»Richtig, Fjodor Petrowitsch. Nicht von ungefähr gibt es das Sprichwort: Was dem Russen gut, ist des Deutschen Tod.«

»Ist Ihnen bekannt, mein Herr, daß dieses Sprichwort früher anders lautete? Im Siebenjährigen Krieg haben es sich unsere russischen Offiziere ausgedacht, als sie in Preußen zum ersten Mal Kartoffeln kosteten. Niemand wußte, wie sie zubereitet werden mußten, und so bekamen einige Leibschmerzen, andere starben sogar. Man folgerte daraus: Was dem Preußen gut, ist des Russen Tod. Nachher aber, weiß nicht mehr wann, hat man das Sprichwort umgedreht. Und das alles aus Dünkel: Wir sind stärker als alle, wir sind kräftiger als alle. Unser Moskau ist das Haupt der ganzen Welt.«

»Erlauben Sie, erlauben Sie, mein Herr! Hierzu muß ich etwas sagen. Sie rügen die slawisch-russischen Patrioten viel zu streng. Bei weitem nicht alle denken ernstlich so, wie sie manchmal in Streitgesprächen, im Affekt reden. Sie wollen, daß Rußland friedlich und glücklich, christlich und nach seinen besten alten Sitten und Gebräuchen leben kann. Sie predigen keineswegs Haß auf andere Völker, negieren die Aufklärung nicht. Herr Kirejewskij benannte ja sogar seine Zeitschrift ›Der Europäer‹. Schelling und Goethe kennen sie gut. Stepan Petrowitsch Schewyrjow[50] hat zum Beispiel mir gegenüber eine Lanze für Goethe gebrochen und gesagt, daß ich diesen großen Deutschen nicht genügend verehre.«

»Ach, Fjodor Petrowitsch, Sie gute Seele! Sie wollen alle

versöhnen. Man erzählt sich sogar, daß Sie Begleitsoldaten und Gefängniswärter mit den Häftlingen versöhnen wollen. Aber mit Ihrem Goethe stehen Sie auf Kriegsfuß? Und unser Puschkin dauert Sie nicht...«

»Nein, nein, so ist das nicht. Ich stehe mit Goethe nicht auf Kriegsfuß, aber er betrübt mich. Ich habe viel von ihm gelesen, habe ihn sogar selber in Jena gesehen, damals auf der Universität. Da gab es manche Studenten, die zu ihm aufschauten wie zu einem Imperator, gar wie zu einem Heiligen. Ich weiß, daß er ein hervorragender Dichter ist, sehr klug, sehr gebildet. Ich kann nicht alle seine Verdienste genügend würdigen, weil mir über Literatur und die schönen Künste kein Urteil zusteht. Aber es betrübt mich über die Maßen, daß er sein Talent, sein Wissen häufig zum Schaden der Religion und der guten Sitten benutzt hat. Er stellt die Sünde in verlockenden, wohlklingenden Worten dar. Sein Mephisto, Satan also, ist außerordentlich klug, sogar ein Wohltäter. Goethe läßt Mephisto über sich selbst sagen, er sei: ›Ein Teil von jener Kraft, die stets das Böse will, und stets das Gute schafft.‹«

»Nun ja, aber der Teufel erleidet ja bei Goethe eine Niederlage. Und gerade weil der Teufel so klug und stark ist, ist der Sieg über ihn um so herrlicher. Ist es denn Ihrer Meinung nach besser, den Teufel als Tölpel und Dummkopf darzustellen? Dann müßte Ihnen Puschkin doch gefallen. Bei ihm hat der einfältige Knecht Balda alle Teufel überlistet.«

»Sie scherzen, lieber Herr, und ich spreche ernsthaft und bekümmert. Puschkin entzückt und bekümmert mich – genau wie Goethe. Großes Talent, reicher Verstand, herrliche Poesie. Doch wie viele gefährliche, sündhafte Verlockungen und sogar lasterhafte Unanständigkeiten. Nur selten finde ich bei ihm einen wahrhaft guten, nützlichen Gedanken. Ich halte dafür, daß christliche Dichtung Gott preisen, Sündern zur Einkehr verhelfen, Leidende trösten, Wohltätige in ihrem Tun stärken soll. Für mich ist die höchste Poesie die, welche in der Heiligen Schrift verkündet wurde.«

»Du liebe Zeit, was für ein langweiliger Mensch sind Sie doch, Fjodor Petrowitsch. Nehmen Sie's mir nicht übel, mein Lieber. Sie sind ja so gut, Sie helfen den Menschen, wo Sie nur können, opfern sich für sie auf. Vielleicht sind Sie sogar ein Heiliger. Aber... ein langweiliger. Goethe und Puschkin goutieren Sie nicht. Dichtung, die anders ist als die Psalter, erkennen Sie nicht an. Mein liebster Doktor, da leben Sie ja nur halb. Vielleicht verschmähen Sie es auch, Wein zu trinken? Aha, das dachte ich mir. Und was die holde Weiblichkeit anlangt, da wage ich schon gar nicht erst zu fragen. Sicher sind Sie nie verliebt gewesen? Mit anderen Worten – ein echter Mönch im weltlichen Getriebe.

Zürnen Sie nicht, Fjodor Petrowitsch, erröten Sie nicht, und lächeln Sie nicht immer so traurig. Seien Sie doch ruhig ein Mönch. Auch Petrarca war ein Mönch, und welch herrliche Liebesgedichte hat er geschrieben.«

»Sagen Sie, Fjodor Petrowitsch, stimmt es, daß Sie in Ihrer Wohnung ein Gemälde der Venus, der heidnischen Gottheit, verbrannt, ein wahres Autodafé vollzogen haben...?«

»Ja, mein Freund, das ist wahr. Nur der Grund liegt keineswegs im Heidentum. Es war ein schlechtes, unsittliches Bild, ein überaus unsittliches, die schmutzigste Darstellung fleischlicher Lüste. Dieses Bild hatte einem jungen Kaufmann gehört, und er zeigte es seinen Gästen nur insgeheim. Es hing verborgen hinter einem Vorhang. Er war mein Patient, und ich kurierte ihn. Er mochte mich gern. Und so bat ich ihn, mir dieses Bild zu verkaufen. Er willigte ein und nahm ein schönes Stück Geld dafür. Und dann habe ich dieses scheußliche Bild verbrannt.«

»Aber Ihr Leben muß doch entsetzlich langweilig sein, Fjodor Petrowitsch. Nur die Psalmen als Lektüre, das ist doch wie Grütze ohne Salz. Von den Klistieren zu den Psaltern, von den Psaltern ins Gefängnis zu den trostbedürftigen Arrestanten. Das muß doch sterbenslangweilig sein?«

»Nein, nein, ganz gewiß nicht, mein junger Freund. Ihnen ist es vielleicht langweilig in meiner Gesellschaft. Aber ich habe nie Zeit gehabt, mich zu langweilen. Ich habe reichlich Arbeit und Sorgen. Tagein, tagaus sehe ich so viel Elend, Krankheit, Leid und Unglück, wie Sie es, Gott geb's, Ihr ganzes Leben lang nicht erblicken werden. Daher habe ich auch keine Zeit für Poesie. Daher bin ich langweilig für gesunde, kluge, glückliche und fröhliche junge Menschen. Für Sie bin ich ein langweiliger alter Mann. Aber meinen Unglücklichen wäre es ohne mich noch langweiliger. Und nicht nur langweilig. So werde ich mich also auch nicht mehr ändern.«

Alexander Herzen schreibt in seinen Erinnerungen[51]:

Doktor Haass war ein merkwürdiges Original. Die Erinnerung an diesen »armen Narren« darf nicht verloren gehen unter den offiziellen Nekrologen, in denen die Tugenden der zwei oberen Klassen beschrieben werden, die nie vor der Verwesung der Leiber zum Vorschein kommen.

Der alte, magere und wachsgelbe Herr* in schwarzem Frack, Kniehosen, schwarzen Seidenstrümpfen und Schnallenschuhen schien aus einem Drama des 18. Jahrhunderts entsprungen zu sein. In dieser großen Gala, die man nur bei Hochzeiten und Begräbnissen anzulegen pflegt, in dem angenehmen Klima des 59. Grades nördlicher Breite, fuhr Haass allwöchentlich auf die Sperlingsberge, von wo aus die Verbannten per Etappe nach ihrem Bestimmungsort befördert wurden. Als Gefängnisarzt durfte er sie besuchen; er kam, um sie zu visitieren, und brachte bei dieser Gelegenheit stets einen Korb mit allerlei guten Sachen, Eßwaren und Naschwerk, Walnüssen, Brezeln, Apfelsinen und Äpfeln für die Frauen mit. Das erregte den Zorn und die Empörung der »wohltätigen Damen«, die immer in der Angst lebten, sie könnten den von ihren Wohltaten Betroffenen eine Freude bereiten oder mehr tun, als nötig sei, um einen Menschen vor dem Hungertode oder vor dem Erfrieren zu retten.

Aber Haass blieb verstockt; er hörte sich die Vorwürfe, es sei dumm, die Gefangenen so zu verhätscheln, ruhig und mit sanftester Miene an, rieb sich die Hände und sagte: »Bedenken Sie, gnädigste Frau, ein Stück Brot, so ein Krümelchen erhalten sie von jedem, einen Bonbon oder eine Apfelsine werden sie lange nicht mehr zu Gesicht bekommen, solche Dinge bringt ihnen niemand, das kann ich aus Ihren Worten schließen; daher bereite ich ihnen diese Freude, weil ich weiß, daß sie nicht so bald wieder eine ähnliche haben werden.«

Haass wohnte im Krankenhaus. Einst kam ein Kranker vor dem Mittagessen zu ihm, um ihn zu konsultieren. Haass untersuchte ihn und ging dann in sein Arbeitszimmer, um ihm etwas zu verschreiben. Als er zurückkam, waren der Kranke und das silberne Besteck, das auf dem Tische gelegen hatte, verschwunden. Haass rief den Portier und fragte, ob außer dem Kranken noch jemand ins Haus gekommen sei. Der Portier roch den Braten, lief fort und kam nach einer Minute mit

* Hier versagte Herzens Gedächtnis: Haass war groß und korpulent. (Anm. des Verfassers)

den silbernen Löffeln und dem Patienten zurück, den er mit Hilfe eines Soldaten, der im Hause diente, gefangen hatte. Der Kerl fiel dem Doktor zu Füßen und bat um Gnade. Haass wurde verlegen. »Geh und hole die Polizei«, sagte er zu dem einen Wächter. »Und du«, befahl er dem anderen, »ruf mir sofort den Schreiber.« Die Wächter, die über ihre Entdeckung, ihren Triumph und ihre Beteiligung an dem Vorgang sehr erfreut waren, eilten davon.

Haass benutzte ihre Abwesenheit und sagte zu dem Dieb: »Du bist ein falscher Mensch! Du hast mich betrogen und wolltest mich bestehlen. Gott wird dich dafür strafen. Jetzt aber mach, daß du fortkommst, lauf zur Hintertür hinaus, bevor die Soldaten wiederkommen – aber warte, du hast wahrscheinlich kein Geld, da hast du 50 Kopeken; sieh zu, daß du dich besserst. Gott kannst du nicht entfliehen wie einem Wachsoldaten.«

Nach dieser Geschichte waren auch die Hausgenossen über Haass empört. Aber der unverbesserliche Doktor sagte nur: »Diebstahl ist ein großes Laster. Ich kenne aber auch die Polizei, ich weiß, wie sie die Menschen quält. Dieser Mann wäre verhört und ausgepeitscht worden. Seinen Nächsten auspeitschen zu lassen, das ist ein noch viel größeres Laster. Und wer weiß, vielleicht wird meine Handlungsweise sein Herz rühren, und er bessert sich.«

Die Hausgenossen sagten: »Er ist ein guter Mensch, aber er hat einen Raptus.«

Die »wohltätigen Damen« meinten: »C'est un brave homme, mais ce n'est pas tout à fait en règle là.« Dabei zeigten sie mit dem Finger dezent an die Stirn.

Haass aber rieb sich die Hände und tat, was er wollte.

1839 konnte das Fürsorgekomitee auf sein zehnjähriges Bestehen zurückblicken. Und genau an diesem Jubiläumstag hatten die Gefängnisbeamten, die Konvoi-Offiziere, General Kapzewitsch und der Polizeichef den durch Krankheit und Kanzleifehden erschöpften Generalgouverneur Golizyn endlich bezwungen. Er verbot dem Doktor Haass, sich in welcher Weise auch immer, in die Anordnungen der Gefängnisleitungen einzumischen.

Fjodor Petrowitsch war verzweifelt. Vergeblich bat er um Audienz bei Golizyn, vergeblich schrieb er flehentliche Briefe an den Zivilgouverneur Olssufjew.

Doch am Tag, an dem der nächste Trupp auf Transport geschickt wurde, fuhr er wie immer auf die Sperlingsberge, untersuchte die Häftlinge, wählte Kranke aus, brachte Geschenke.

Die Beamten, die über das Verbot Bescheid wußten, waren verblüfft über soviel kühne Standhaftigkeit. Selbst jene, die sonst nur über »den lästigen Doktor« schimpften, staunten mehr, als daß sie ihm zürnten.

Olssufjew, dem der gute Sonderling leid tat, besuchte ihn im Krankenhaus. Der diensthabende Arzt sagte, Fjodor Petrowitsch ruhe sich aus und wies Olssufjew den Weg in den anderen Flügel, in dem Haass' Privaträume lagen. Als Olssufjew den engen Vorraum betrat, hörte er aus einem Zimmer gleichmäßiges Klirren. Er klopfte. Jegor, Diener und Kutscher zugleich, ein schlichter, gutmütiger Pfiffikus, blickte aus der Tür:

»Bitte sehr, Euer Hochwohlgeboren, bitte sehr, zögern Sie nicht einzutreten, Fjodor Petrowitsch sind dort im großen Zimmer. Erschrecken Sie nur nicht. Fjodor Petrowitsch haben sich die Ketten angelegt, nicht zum Spaß, sondern für die ärztliche Überprüfung.«

Doktor Haass, in Hand- und Fußfesseln, umschritt in gleichmäßigen Kreisen seinen Eßtisch, wobei er die Kreise zählte. Nach jedem Dutzend nahm er eine Erbse von einem kleinen Haufen und legte sie auf ein anderes Erbsenhäuflein.

»Halten zu Gnaden, lieber Herr Gouverneur, halten zu Gnaden. Nehmen Sie Platz bitte, und verzeihen Sie gütigst, ich muß noch zweihundertfünfzig Kreise gehen. Dies sind die neuen Fesseln, die ich empfehlen will. Ich muß nur noch prüfen, wie man damit fünf bis sechs Werst zurücklegt.«

Und kettenklirrend zog er weiter seine Kreise. Als er fertig war, schloß Olssufjew den verwirrten alten Mann fest in seine Arme.

Das Alte Katharinen-Hospital für die arme Bevölkerung war Fjodor Petrowitschs Sorgenkind. Jede Verbesserung – die Baderäume mit Öfen, um Wasser zu erhitzen, die für Männer und Frauen getrennten Klosetts – hatte er nach langen, mühseligen Kämpfen verwirklichen können, indem er von der Stadt und von privaten Spendern Geld erflehte oder auch eigenmächtig Schulden machte, um die notwendigen Räumlichkeiten bauen zu lassen. Daß er dann hinterher mit Vorwürfen überschüttet wurde – von erbosten Bauunternehmern, von den Beamten des Medizinischen Comptoirs, von der Baukommission der Stadtverwaltung –, nahm er als unvermeidlich in Kauf.

Bei den Gefängniskrankenhäusern, die das Gefängniskomitee verwaltete, erging es ihm nicht anders: die Architekten, die Bauführer, der Baukommissionsleiter – ein anmaßender, engstirniger Beamter – führten ständig Klage über Haass: er ändere ihre Pläne und Voranschläge und verteure dadurch unverantwortlich Bauten und Umbauten. In einem Fall konnte Haass nachweisen, daß, wenn der neue Trakt dem »bestätigten Plan« entsprechend gebaut worden wäre, im Raum für die Kwas-Bereitung nicht einmal ein Topf Wasser hätte erhitzt werden können: die Planer hatten den Ofen vergessen. In ein anderes Gebäude hätte man mit einer Anlegleiter klettern müssen, weil die Eingangstür viel höher lag als das Hofniveau und weder Stufen noch eine Treppe hinaufführten. Es war auch kein Flur eingeplant.

Geduldig erklärte er, wies nach, beantragte, bat, schrieb ausführliche, ins einzelne gehende Berichte, erzürnte sich, schalt, geriet in Verzweiflung, bat um Verzeihung für seine Dreistigkeit, versprach, nichts zu unternehmen, ehe die Bewilligung vorliege.

Und dann verging eine Woche und noch eine, Regenwasser drang in den Keller, die Medikamentenvorräte drohten durch die Nässe zu verderben, die Betten reichten nicht, die Wäsche reichte nicht. Der Winter stand vor der Tür, in die zerbrochenen Fensterscheiben blies der Wind, die Öfen qualmten. Aber das Medizinische Comptoir reagierte nicht auf schriftliche Eingaben und Bitten. So mußte er wieder auf eigene Faust Maurer und Ofensetzer bestellen, Glaser und Schreiner. Und wieder hagelte es Beschwerden über das selbstherrliche Regiment des Doktor Haass, über unerlaubte Ausgaben, über verschwenderische Verwöhnung der Bettler und des einfachen Volkes.

Immer wieder und immer erfolglos wies Fjodor Petrowitsch nach, daß die Kapazität des Alten Katharinen-Hospitals nicht ausreichte. Die Zahl der Armen, die stationärer Behandlung bedurften, wuchs von Tag zu Tag. Täglich trafen von außerhalb Hunderte von Menschen in Moskau ein, um hier in Werkstätten, Manufakturen und auf Baustellen zu arbeiten. Gutsbesitzer, die für die Feldarbeit genügend Arbeitskräfte hatten, zogen es vor, den Zins statt in Naturalien in Geld einzuziehen, und sie schickten deswegen viele Leibeigene zur Arbeit in die Städte. Daß diese flüchten würden, war nicht sonderlich zu befürchten: in den Dörfern blieben ja ihre Familien zurück. Die städtische Polizei observierte sie streng, und die Handwerksmeister, Ladeninhaber, Bäcker, Bademeister, Gastwirte, bei denen diese »beurlaubten« Bauern arbeiteten, hatten ein nicht minder wachsames Auge auf sie als die Polizei. Einige dieser Bauern hatten Glück, sie wurden überaus erfolgreiche Handwerksmeister, Händler oder Kleinunternehmer und so reich, daß sie sich und ihre Familien freikaufen konnten.

Das Handel und Gewerbe treibende wohlhabende Moskau wuchs. Doch zugleich mehrte sich die Zahl der Armen, der Arbeitsuchenden, der Arbeitslosen, der von Not und Krankheit Entkräfteten. Während der Schüttelfieber-Epidemie (Grippe) lagen die Kranken in überfüllten Korridoren, in Badezimmern und Waschhäusern. Die allerschwersten Fälle nahm Fjodor Petrowitsch in seiner Wohnung auf.

Ein paar Mal gelang es Haass doch noch, mit Golizyn zusammenzutreffen, als dieser, von einer Krankheit genesen, nach Moskau kam. Der Fürst stimmte mit ihm überein, daß die viel zu geringe Bettenzahl eine Gefahr für die gesunden Moskauer darstelle. Von ansteckenden Krankheiten befallene Arme ohne Wohnung, in der Angehörige sie versorgten, könnten für alle Bewohner gefährlich werden. Golizyn war mit Haas einer Meinung, daß nicht nur christliches Erbarmen mit diesen Armen, sondern ebenso die Sorge für alle Schichten der Bevölkerung es notwendig machten, das Armen-Krankenhaus zu erweitern und ein neues Krankenhaus für Obdachlose zu bauen.

Fjodor Petrowitsch hatte für dieses Projekt schon längst ein Haus vorgesehen. Es lag in einer stillen Gasse nicht weit vom Pokrowskij-Tor und war das Gebäude des ehemaligen orthopädischen Instituts. Hier befand sich zur Zeit ein Polizeikrankenhaus für Landstreicher und Festgenommene, die noch nicht vom Polizeirevier ins Gefängnis überstellt worden waren. Haass schlug vor, den Bau in ein »Hospital für alle Obdachlosen« umzuwandeln, für vom Lande gekommene Bauern, für nicht ortsansässige Arme, für Arbeitslose und Bettler, für alle, die in den städtischen Krankenhäusern nicht aufgenommen werden konnten.

Der Befehl zum Umbau des Polizeikrankenhauses wurde auf Grund des Vortrags und der Bitte des Doktor Haass vom Generalgouverneur Fürst Golizyn im März 1844 unterzeichnet. Es war die letzte gute Tat des Fürsten Golizyn. Er starb am 27. März 1844.

Im Mai fand die Eröffnung des neuen Krankenhauses statt. Es hieß offiziell »Polizeikrankenhaus für Obdachlose«. Ende des Jahrhunderts, nachdem es bedeutend erweitert und verbessert worden war, wurde es in Alexander-Krankenhaus umbenannt, zu Ehren Zar Alexanders III. Aber in Moskau nannten alle es vom ersten Tage an die »Hassowskaja Bolniza«, das Haass-Krankenhaus.

Fjodor Petrowitsch übersiedelte aus dem Alten Katharinen-Hospital sofort dorthin. Für sich und die wieder zu ihm zurückgekehrte Wilhelmine nahm er im zweiten Stock zwei Zimmer mit einem Vorzimmer. In der von ihm aufgestellten Hausordnung des neuen Krankenhauses hieß es: »Auf gnädigste Anordnung seiner Durchlaucht des Herrn Generalgouverneurs hat die Polizei das Recht und die Pflicht, Kranke hierherzubringen, die keine feste Wohnung haben oder aus anderen Gründen nicht in andere Krankenhäuser aufgenommen werden können.«

Zwischen 1844 und 1853, dem Todesjahr Fjodor Petrowitschs, wurden in diesem Krankenhaus dreißigtausend Patienten behandelt. Von ihnen wurden einundzwanzigtausend geheilt. Nach heutigen Begriffen ist dies eine hohe Sterblichkeitsrate: tausend Patienten im Jahr, fast drei Todesfälle im Tagesdurchschnitt. Sie erklärt sich daraus, daß viele hoffnungslos Kranke und Altersschwache eingeliefert wurden, aber viele starben auch durch Epidemien, vor allem durch die Choleraepidemie von 1848.

IX. Der Fanatiker des Guten

Nachfolger von Fürst Golizyn wurde Fürst Schtscherbatow. Auch er war aktiver Offizier gewesen, war wie Golizyn ein gebildeter Aristokrat und gewissenhafter Administrator. Doch war er nicht so talentiert und weniger empfänglich für die Nöte der Stadt wie sein Vorgänger. Er kannte Fjodor Petrowitsch, denn er hatte Golizyn früher mehrmals vertreten. Im großen und ganzen war er Haass wohlgewogen, achtete ihn als Arzt, hielt ihn aber wie viele seiner Beamten für einen naiven Sonderling, der sich mit unrealisierbaren Projekten befaßte.

Das Medizinische Comptoir und die Polizeibeamten beklagten sich bei dem neuen Generalgouverneur, daß Haass entgegen der Vorschrift die Bettenzahl in seinem Krankenhaus vermehre. Laut Anordnung und Kostenvoranschlag waren hundertfünfzig Betten vorgesehen, aber es lagen fast dreihundert Kranke bei ihm.

Schtscherbatow ließ den Doktor kommen. Fjodor Petrowitsch berichtete, was für die Wohlfahrt der Kranken eingerichtet worden war, über neue Baderäume, neue Apothekenräume. »Das ist alles gut und schön, teuerster Fjodor Petrowitsch, ich heiße es gut. Aber ich bin unzufrieden mit gewissen Eigenmächtigkeiten. Freundschaft ist Freundschaft und Dienst ist Dienst. Aus diesem Grunde sehe ich mich genötigt, Ihnen auf das strengste zu befehlen – nehmen Sie bitte zur Kenntnis, verehrter Herr! Es ist ein Befehl des Generalgouverneurs: Ihnen wird zur Pflicht gemacht, unverzüglich die Vorschriften Ihrer vorgesetzten Behörde einzuhalten. Ihrem Krankenhaus sind hundertfünfzig Betten für obdachlose Kranke bewilligt. Das bedeutet hundertfünfzig Betten und nicht ein einziges darüber hinaus.«

»Aber Durchlaucht, was soll ich denn tun, wenn man mir eine schwerkranke Frau bringt…, wenn es jemandem sehr schlecht geht…?«

»Fjodor Petrowitsch, ich habe Ihnen einen Befehl gegeben. Verstehen Sie, einen Befehl. Haben Sie die Güte, nicht darüber zu parlamentieren, sondern ihn auszuführen.«

Haass stand auf. Er stand vor dem gewaltigen Schreibtisch mit den golden, bronzen und silbern glänzenden Schreibutensilien, Tintengefäßen, Schreibunterlagen, Kerzenleuchtern. Der große Mann mit dem altersgebeugten Rücken, den hängenden Schultern, dem vergilbten Jabot, dem verschossenen Frack stand vor diesem Schreibtisch und blickte auf den Generalgouverneur hinab. Der saß zurückgelehnt im Sessel unter dem gewaltigen, lebensgroßen Gemälde des Zaren Nikolaj in dem gleichen blauen Leibrock, wie der Zar ihn auf dem Gemälde trug, mit vergoldeten Epauletten und dem Ordensstern auf der Brust. Er blickte stirnrunzelnd und doch ein wenig lächelnd auf den Doktor.

Fjodor Petrowitsch ließ sich stumm auf die Knie nieder und verbarg sein Gesicht in den Händen, seine Schultern zuckten.

Schtscherbatow sprang auf, wollte ihn aufheben: »Was soll denn das? Um Himmels Willen, lieber Freund, stehen Sie auf, mein Bester. Was tun Sie denn?«

Schtscherbatow hatte Mühe, dem schweren alten Mann aufzuhelfen. Er reichte ihm kaum bis an die Schulter. Der alte Frack roch nach Kamille und Essig und nach irgend etwas sehr Unangenehmem. Schtscherbatow zog sein parfümiertes Taschentuch hervor.

»Gott mit dir, Fjodor Petrowitsch. Gott mit Ihnen, mein Freund. Sie kann man tatsächlich nicht mehr ändern. Jedenfalls ich kann es nicht. Handeln Sie so, wie Sie können und müssen.«

Es war nicht das erste Mal, daß Fjodor Petrowitsch einen Kniefall tat. Während einer Visite in Moskau besichtigte Zar Nikolaj auch die neuen Gebäude des Durchgangsgefängnisses, die Gefängniskirche und das Gefängniskrankenhaus. Außer seiner Suite begleiteten ihn Generäle und Offiziere der Inneren Wache sowie Moskauer Würdenträger. Sie zeigten dem Monarchen die Früchte ihrer unermüdlichen Sorgen und Mühen, freuten sich bescheiden und dankbar über seine lobenden Bemerkungen. Den Krankenhausbau zeigte ihm Fjodor Petrowitsch. Der Zar war offensichtlich zufrieden, fragte, ob irgendwelche Wünsche seitens der Gefängnisleitung für das Krankenhaus bestünden.

Der diensthabende Offizier gehörte zu jenen, die sich besonders erbittert über den »outrierten Philanthropen« ärgerten:

»Ich habe die Ehre, Eurer Kaiserlichen Majestät zu rapportieren, daß Versorgung und Unterbringung der Kranken absolut zufriedenstellend sind, in gewisser Weise sogar luxuriös. Jedoch Herr Doktor Haass behindert gelegentlich die Erfüllung der Gesetze, indem er den Arrestanten gegenüber zu viel Nachsicht walten läßt. Hier zum Beispiel befindet sich in jenem Winkel ein alter bärtiger Mann. Schon den dritten Monat ist er im Krankenhaus, ohne ersichtliche Krankheit, nur auf Grund der philanthropischen Willkür des Doktor Haass.«

Der Zar erblickte einen mageren, graubärtigen alten Mann in langem Leinenhemd. Wie die anderen Kranken stand er mit gesenktem Kopf neben seinem Bett.

»Wessen wird er beschuldigt?«

Der alte Mann war außerstande zu antworten. Der Gefängnisdirektor rapportierte, nachdem er in den Papieren seiner saffianledernen Mappe geblättert hatte:

»Er ist ein Altgläubiger, Kaiserliche Majestät. Zur unbefristeten Ansiedlung in Nertschinsk bestimmt.«

Der Zar richtete seinen schweren, bleiernen Blick auf Haass – diesen Blick, vor dem manchen kampferprobten Generälen die Sinne schwanden.

»Du nimmst dir heraus, recht eigenwillig zu sein, Fjodor Petrowitsch.«

Haass, der abseits gestanden hatte, tat einen Schritt vor, dann noch einen und ließ sich vor dem Imperator auf die Knie nieder, den Kopf tief gebeugt.

Wohlwollend lächelnd blickte der Zar auf die Umstehenden: »Es ist gut, Fjodor Petrowitsch, ich verzeihe dir. Aber sei in Zukunft vernünftiger. Was ist noch? Ich habe gesagt: ich verzeihe dir. Steh auf.«

»Majestät, ich werde nicht aufstehen, wenn Eure Kaiserliche Majestät mich nicht erhören. Dieser arme alte Mann ist sehr schwächlich. Er kann nicht in Ketten nach Sibirien gehen. Er wird schon zu Anfang der langen Wanderung sterben. Majestät, ich wende mich an Ihre monarchische Großmut. Erbarmen Sie sich seiner. Erlauben Sie ihm, zu Hause, bei seiner Familie zu sterben.«

Nikolaj runzelte die Stirn, blickte auf den alten Häftling, blickte auf Haass, der den Kopf gehoben hatte und seine vorgewölbten blauen Augen, in denen Tränen schimmerten, nicht vor dem durchdringenden Blick des Zaren senkte.

»Ich begnadige ihn! Er soll ganz und gar freigelassen werden! Auf dein Gewissen, Fjodor Petrowitsch.«

Einige Herren der Suite eilten herbei und halfen Haass auf, der verwirrt und stotternd die kaiserliche Gnade pries. Der Zar schritt zum Ausgang, ihm war die Lust vergangen, noch mehr zu besichtigen. Er ging fort, wußte nicht, ob er zufrieden oder unzufrieden damit sein sollte, diesem eigensinnigen Arzt nachgegeben zu haben.

Plötzliche Großmut, plötzliche Gnade. So etwas hatte Zar Peter gekonnt! Dieser Ahnherr mochte Sonderlinge, Leute ohne Hinterlist, die nicht betrügen, nicht verraten. »In allem sei dem Vorfahr ähnlich...« Wer hatte das geschrieben? Es war doch wohl Puschkin. Der war gescheit, wußte, womit ich zu packen bin... Aber kann Großmut denn auch Nachgiebigkeit sein? Wo ist das rechte Maß?

Von diesen durchaus interessanten, vielleicht auch bedeutenden, aber auch verdrießlichen Gedanken lenkten ihn die untertänigen Fragen seiner Begleitung ab: Wohin geruhten Majestät nun zu fahren? Was war noch zu besichtigen erwünscht, wer war noch zu empfangen? Der Adjutant erinnerte an eilige Depeschen.

Einige Freunde machten Haass halb scherzhaft, halb im Ernst Vorwürfe:

»Fjodor Petrowitsch, Sie übertreten ja das Gebot ›Du sollst dir keinen Götzen schaffen‹. Sie sind ja nicht nur vorm Zaren und vor dem Generalgouverneur auf die Knie gefallen, sondern, wie man erzählt, auch vor dem Gefängnisleiter und vor dem Konvoi-Kommandanten, damit irgendeine Häftlingsfamilie nicht auseinandergerissen wird, die Kinder nicht von ihren Müttern getrennt werden. Und sogar vor dem Moskauer Henker, dem verfluchten Schuft, wären Sie auf die Knie gesunken und hätten gefleht, ein junges Liebespaar nicht gar so arg mit der Knute zu traktieren. Stimmt das, Fjodor Petrowitsch?«

Er wehrte ärgerlich ab:

»Darüber können vielleicht manche Witzbolde lachen.

Aber für mich ist das gar nicht komisch. Sie sagen, es sei erniedrigend, sich einem Menschen zu Füßen zu werfen, es sei eine Übertretung des göttlichen Gebotes. Nein, meine Herren und meine Freunde, dem kann ich ganz und gar nicht beipflichten. Erniedrigend ist es, wenn man Menschen um Gnaden für sich selbst anfleht. Erniedrigend ist es, schlechte Menschen um die Rettung des eigenen Körpers, des eigenen Lebens zu bitten. Es ist auch dann noch erniedrigend, wenn der Bittsteller dabei sitzt oder steht. Aber für andere zu bitten, für Unglückliche, Leidende, für die, denen der Tod droht, das kann nicht erniedrigend sein, niemals und nirgends. Sei es auch auf den Knien oder barfuß im bloßen Hemd, wie es in den alten Zeiten die Tyrannen verlangten.

Unser Heiland hat Folter, Schmähung und den Tod am Kreuz auf sich genommen. Der Kreuzestod war eine erniedrigende Strafe für Räuber und Sklaven. Aber Gottes Sohn hat alles erduldet und hat die Menschen erlöst. Nichts konnte ihn erniedrigen. Er ist ein Vorbild für uns alle. Es steht geschrieben: ›Selig sind die Sanftmütigen ...‹«

Auf Schtscherbatow folgte Graf Arsenij Sakrewskij als Generalgouverneur. Während seiner Amtszeit als Innenminister war er in die Papierfehden mit Fürst Golizyn um die »Stange« verwickelt gewesen. Er wußte, daß Haass dabei der Anstifter gewesen war, und er hatte den General Kapzewitsch in seinen Forderungen unterstützt, den »outrierten Philanthropen« zu entfernen und sogar zu bestrafen.

Als Sakrewskijs Ernennung bekannt wurde, gerieten Haass' Freunde in Sorge, und seine Gegner triumphierten. Die einen wie die anderen erwarteten, Haass werde sich nun zurückhalten – sein neues Krankenhaus machte ja auch genug Arbeit –, er würde seine Fahrten auf die Sperlingsberge und zur Halbetappe Rogoshsk einstellen, würde aufhören, sich mit der Gefängnisleitung und den Konvoi-Kommandanten anzulegen.

Mit dem neuen Generalgouverneur kamen auch neue Adjutanten, einige Beamte und Angestellte in der Gouvernementsverwaltung wurden ersetzt. Man wußte von Sakrewskij, daß er militärische Ordnung über alles schätzte, bedingungslose Einhaltung der Verordnungen, Sauberkeit und Akkuratesse.

Moskau holte auf, verschönerte sich. Fassaden, Gitter, Zäune, Amtsgebäude, Schilderhäuschen, Schlagbäume und Werstpfähle wurden frisch angestrichen, das Pflaster auf den Hauptstraßen und den Plätzen ausgebessert... Alle strengten sich aus Leibeskräften an, irgend etwas zu verbessern, zu verändern, um der neuen Obrigkeit zu gefallen.

Nur Fjodor Petrowitsch änderte sich nicht. Er hatte keine Angst vor dem zu erwartenden Wechsel, stand nicht verschüchtert in der Menge der scheu miteinander flüsternden Beamten und sonstigen Geladenen bei der ersten Audienz des neuen Herrn von Moskau und dem Generalgouvernement.

Graf Sakrewskij betrachtete ihn mit einer gewissen Neugier. Mit kaum merklichem ironischem Lächeln musterte er den abgetragenen Frack und die gestopften Strümpfe. Er fragte Haass nach dem Zustand des Krankenhauses.

Fjodor Petrowitsch begann zu rapportieren und dem Gouverneur die Bitten und Bedürfnisse vorzutragen.

»Über diese Gegenstände werden Sie meiner Kanzlei schriftlich berichten. Habe die Ehre...« Und damit ging der General zum nächsten Beamten, der ihm vorgestellt wurde.

Fjodor Petrowitsch wußte, daß der neue Generalgouverneur ihn nicht mochte und jene Männer protegierte, die ihn seit eh und je anfeindeten. Er hatte sehr gut begriffen, daß er mit dem Tode von Schtscherbatow seinen letzten einflußreichen Gönner verloren hatte. Doch das änderte nichts an seiner Lebensauffassung, nichts an seinem Verhalten, seinem Auftreten, seinen Worten.

Bei Tagesanbruch stand er auf, auch an solchen Tagen, an denen er nachts gerufen worden war, um dem Feldscher beizustehen. Schwester Wilhelmine entsetzte sich immer von neuem, wie heruntergekommen der Bruder war, in welcher Dürftigkeit er lebte. Und vergeblich versuchte sie immer wieder, ihn davon zu überzeugen, daß Jegor lange Finger mache. Sie richtete ihm ein kleines Frühstück her: Brot, Butter, Grütze, manchmal ein Ei. Währenddessen bereitete Fjodor Petrowitsch Arzneien vor. Der Lehren des Vaters eingedenk, handhabte er geschickt Mörser, Rührstock und Apothekengewichte, drehte Pillen, mischte Mixturen.

Nach einem eiligen Frühstück begann er mit der Visite der

Kranken und der Aufnahme neuer Patienten. Auch die Patienten aus der Stadt behandelte er kostenlos. Wer für Beratung und Arzneien etwas zahlen wollte und konnte, dem sagte er:

»Legen Sie, was Sie wollen, dort in den Krug.«

Dieser Krug hatte im Krankenhaus noch eine andere, sehr wichtige Bestimmung. Jedesmal, wenn einer der Ärzte, Pfleger, Aufräumer sich zur Arbeit verspätete oder angetrunken zum Dienst erschien, sich irgendein Versäumnis zuschulden kommen ließ oder grob mit den Kranken umging, aber auch wenn ein Krankenbett nicht sauber war und so weiter, mußte der Betreffende eine Strafe zahlen – ein paar Kopeken in den Krug legen. Die höchste Strafe war ein Tagesverdienst, sie wurde über jene verhängt, die entweder betrunken zum Dienst gekommen waren oder gelogen hatten.

Ein sehr hochgestellter Medizinalrat äußerte in Petersburg in Gegenwart des Zaren, Doktor Haass sei mehr Philanthrop als Arzt. In seinem Krankenhaus befänden sich mehr gerissene Bettler und Vagabunden als tatsächlich Kranke. Als der Generalgouverneur davon erfuhr, befahl er, dem Doktor Haass zu übermitteln, daß ein solcher Zustand unzulässig sei und aus dem Krankenhaus alle inzwischen Kurierten zu entlassen seien. Daraufhin verlangte Fjodor Petrowitsch, daß eine Kommission seine Kranken untersuchen solle, zu deren Stab jener Medizinalrat gehören müsse, der behauptet hatte, die Patienten wären gesund.

Die Kommission verbrachte mehrere Stunden in den Krankensälen. Auch der Medizinalrat untersuchte und befragte die Patienten.

»Nun wohl, Hochwohlgeboren Fjodor Petrowitsch, wir können feststellen: Die Ordnung in Ihrem Krankenhaus ist vorzüglich. Wir haben keinerlei Beanstandungen. Alles ist des höchsten Lobes würdig.«

»Haben Sie Dank für die guten Worte. Sie bedeuten also, daß Hochwohlgeboren sich davon überzeugt haben, daß wir hier Kranken nützlich sind, aber keine Gesunden verzärteln?«

»Eben das, werter Fjodor Petrowitsch, ich habe es mit eigenen Augen gesehen. Es hat da unsinnige Gerüchte gegeben. Seien Sie nicht betrübt. Die Wahrheit liegt jetzt klar zutage.«

Als Haass die Kommission zum Ausgang geleitete, streckte er dem Medizinalrat den Krug entgegen:

»Euer Hochwohlgeboren, dies ist unser Straf-Topf. Sie, Hochwohlgeboren, haben, wenn auch nicht in böser Absicht, Seiner Majestät dem Zaren die Unwahrheit gesagt. Geruhen Euer Hochwohlgeboren gütigst, die Strafe zu bezahlen?«

Der Medizinalrat schaute verdutzt drein, lachte dann und legte zwei Goldstücke in den Krug.

Mittags, vorausgesetzt, es fanden keine Sitzungen statt oder irgendeine Kommission wollte nicht gerade das Gefängniskrankenhaus besichtigen, fuhr Haass in die Gouvernementsverwaltung und in die Polizeireviere, um die Papiere von solchen Arrestanten einzusehen, die er überprüfen wollte.

Unterwegs erinnerte Jegor ihn manchmal:

»Väterchen, lieber Herr Fjodor Petrowitsch, wir verhungern schon fast, unsere Klepper können kaum noch weiter. Du selber, fühlst du denn nicht, wie leer dein Bauch ist?«

»Hast recht, Jegoruschka, danke, daß du mich erinnert hast. Fahr zur nächsten Bäckerei.«

Und er kaufte jedesmal vier große Semmeln: eine für Jegor, eine für sich und für jedes Pferd auch eine.

Am Spätnachmittag kam er nach Hause. Wilhelmine hatte das Essen schon bereitet.

Jegor murrte:

»Dem Fräulein, unserem Fräulein Wilhelmine Petrowna, tut's leid ums Fleisch, jeden Tag ist bei ihr Fasttag.«

Abends las Fjodor Petrowitsch oder schrieb. Manchmal fuhr er auch auf ein Stündchen irgendwohin zu Besuch. Diese Fahrten liebte Jegor ganz besonders. Denn auch in den weniger wohlhabenden Häusern, in denen es keine Gesindestube neben der Küche gab, brachte man ihm doch immer eine Bewirtung an den Hintereingang, manchmal sogar ein Gläschen Schnaps. Währenddessen saß Fjodor Petrowitsch im Eßzimmer oder im Salon, wo nach dem Abendessen der Kaffee getrunken wurde, man sich unterhielt oder Karten spielte. Er war müde vom Tag, hörte stumm den Gesprächen zu und antwortete einsilbig auf direkte Fragen. Doch wenn man ihn in einen Disput verwickelte, dann erhitzte er sich nach und nach, sprang vom Sessel auf, sprach laut und leidenschaftlich, griff sich an den Kopf, gestikulierte.

Ein junger Professor mit würzig duftender, gleichwohl heftig qualmender Zigarre sagte bei so einer Gelegenheit zu seinen beiden Gesprächspartnern, die er als Literaten titulierte:

»Nun, wie ist das, meine Herren Slawophilen, übertreiben Sie nicht ein wenig? Glauben Sie immer noch, unser Rußland werde Führer der Menschheit werden? Werfen Sie doch mal einen Blick in die gestrige Zeitung. Bemühen Sie sich einmal, die Annoncen durchzusehen. Was steht alles zum Verkauf? Zwei Mädchen und ein Reisewagen, dann ein vorzüglicher Koch, der lesen und schreiben kann, dazu noch Französisch und Deutsch. Der wird sicher von einem jener großspurigen Seelenbesitzer verkauft, die nicht einmal richtig russisch schreiben können, einem dieser stumpfsinnigen Herren aus der Provinz... Von wem soll denn um alles in der Welt dieses Licht kommen, das unseren Planeten erleuchten wird?«

»Ihr Blick ist nur zum Occident gerichtet, für Sie kommt alles Licht von dort – wo die Sonne untergeht. Darum können Sie bei sich zu Hause nur Schmutz und Sklaverei erkennen. Im Westen aber, in Ihrem Gelobten Land, wollen Sie nichts anderes als pure Aufklärung erkennen. Sie sehen dort lauter wohlgehaltene Straßen, blühende Gärten und alle möglichen Dampfwagen... Sie haben uns die Moskauer Zeitung vorgelegt, aber nehmen Sie doch mal hier diese Pariser Zeitung und lesen Sie, wie in England mit all seinen hochgerühmten parlamentarischen Freiheiten, Geschworenengerichten und sonstigen großartigen Institutionen sechs- und siebenjährige Kinder in Qualm und Rauch arbeiten müssen. Sie kennen weder eine unbeschwerte Kindheit noch eine zukunftsfrohe Jugend, sind mit zehn Jahren verbrauchte Greise. Auch diese Kinder wurden wie Gegenstände verkauft, nur sind dort die »Seelenbesitzer« schlauer, heuchlerischer. Und Amerika, das wohl am allermeisten gelobte Land! Seine Washingtons und Jeffersons werden von allen französischen und englischen Liberalen als Lehrmeister gepriesen, und auch unsere hausbackenen Freiheitsnarren beten sie wie heilige Apostel an. Dort aber werden Menschen auf Märkten, auf Auktionen en gros und stückweise verkauft oder versteigert. Die sind eben anderer Hautfarbe, schwarz oder schokoladenbraun – aber auch getaufte, christliche Seelen. Hier bitte, lesen Sie ein Pariser Blatt: da hat ein Amerikaner, ein Pastor, sich für die schwarzen Sklaven verwendet. Dafür wurde er totgeschlagen. Und das drüben, im Lande der allergrößten Freiheit. Wir aber haben bei uns einen Mann wie Fjodor Petrowitsch. Der tritt nicht nur für die Leibeigenen ein, sondern selbst noch für die schlimmsten Verbrecher. Er widerspricht der Obrigkeit und lebt dennoch, Gott sei Lob und Dank, vollkommen unbehelligt.

Sagen Sie doch selbst, Fjodor Petrowitsch, Sie sind ja schon längst ein Moskauer geworden. Und Sie kennen Europa, haben großes Wissen. Was bedeutet Rußland für Sie? Das gerade von Ihnen zu erfahren, wäre besonders interessant. Viele Ihrer Landsleute und Kollegen sind hier zu Ansehen und Wohlstand gekommen, erhielten Rang und Titel, haben Grundbesitz erworben, leben in Verhältnissen, von denen sie daheim in ihren kleinen Ländchen und engen Städtchen nicht einmal träumen konnten. Wer sind denn bei uns in Moskau die berühmtesten Ärzte? Professor Reuß, Professor Pohl, Doktor Hofmann, Doktor Albini ... Sie leben auch dementsprechend im Wohlstand. Aber Sie, Fjodor Petrowitsch, das muß man offen sagen, leben jetzt in Armut, so als seien Sie in Ungnade gefallen. Erklären Sie doch unseren hochgebildeten Herren, die in Rußland nur Schmutz und Finsternis sehen, was Sie an diesem Jammertal so anzieht. Warum Sie, ein Deutscher, Katholik und gelehrter Doktor, nicht vom Moskwa-Fluß an den Rhein zurückkehren – zu Ihren Glaubensgenossen, zu Ihren Landsleuten, in Licht und Überfluß?«

»Ich will versuchen, verehrter Herr, Ihre Fragen zu beantworten, obwohl sie mir ein wenig seltsam erscheinen. Ja freilich, ich bin Deutscher, aber an erster Stelle bin ich Christ. Und das heißt, für mich gibt es weder ›Griechen noch Juden‹. Warum ich hier lebe? Weil ich hier viele Menschen liebe, weil ich Moskau und Rußland liebe und weil es meine Pflicht ist gegenüber allen Unglücklichen in Krankenhäusern und Gefängnissen; weil ich weiß, daß ich ihnen helfe, und ich glaube, ich kann ihnen mehr und besser helfen als irgend jemand sonst. Das ist auch kein sündiger Hochmut, es ist die Wahrheit.«

»Wir kennen Sie, Fjodor Petrowitsch. Wer würde Sie nicht kennen – Sie ›outrierter Philanthrop‹!«

»Und das eben bedeutet: es ist meine Pflicht; es ist Gottes Wille, ich aber bin nur sein Werkzeug.«

»Aber gibt es in anderen Ländern etwa keine Armen und Unglücklichen? Hier, in dieser Pariser Zeitung steht doch genug darüber geschrieben.«

»Auch in anderen Ländern gibt es Not und Elend. Und Gott wird auch dorthin Helfer senden. Ich aber bin vor vierzig Jahren hierher gekommen. Damals war ich noch eitel, freute mich über Lob, Achtung, Wohlstand... Ich war sehr stolz, als mir der Rang eines Hofrates verliehen wurde und das Kreuz des Heiligen Wladimir. Doch mit der Zeit wurde ich verständiger. Und in den Krankenhäusern für das arme Volk, in Gefängnissen und auch anderswo sah ich viele Unglückliche. Sah sie und hörte ihnen zu. Und da begriff ich, welches meine vornehmste Pflicht vor Gott und den Menschen ist. Alles andere ist Staub und Spreu, alles – Reichtum, Rang und Ehre. Als ich Hofrat geworden war, freute ich mich sehr, schrieb es gleich meinen Eltern und Geschwistern. Aber als man mir mitteilte, ich sei nun schon Staatsrat, dem Rang nach also wie ein Oberst oder gar General, freute ich mich nur deswegen, weil ich dachte, jetzt würden die Offiziere auf den Sperlingsbergen mehr auf mich hören...«

»Erlauben Sie, daß ich Sie umarme, Fjodor Petrowitsch, Sie haben eine echte russische Seele. Da sehen Sie, meine Herren Westler, merken Sie auf. Er kommt vom Occident, aber hier bei uns hat er den Sinn des Lebens gefunden.«

»Dafür gebühren ihm Ehre, Ruhm und unsere Hochachtung. Aber warum, mein Lieber, ereifern Sie sich denn so? Dieser gute Deutsche liebt Moskau. Auch ich liebe Moskau, obwohl ich aus Smolensk stamme und in Deutschland studiert habe. Aber meine Liebe ist nicht blind, und sie ist auch nicht überheblich. Ich sehe Armut, Elend und Unwissenheit und viele Mängel, Nöte und Unglück. Ich leide darunter, aber ich prahle nicht damit, schaue nicht von oben herab auf die Ausländer, als ob wir die Allerbesten wären, obwohl uns der Nacken im Joch steckt und der Arsch von Knutenhieben blutet; dafür aber steigt unser Geist so hoch wie kein anderer in der Welt. Aber wo bleiben die Kinder dieses Geistes? Seit zwanzig Jahren leben sie in Sibirien, erst als Zuchthäusler, dann als Verbannte. Und dafür noch Gott sei Dank? Puschkin wurde umgebracht, und man durfte ihn nicht mal würdig bestatten. Der Sarg wurde weggeschleppt, als läge ein Pesttoter darin. Lermontow hat man auch umgebracht, Tschaadajew für verrückt erklärt. An ihn erging ein strenger Befehl, er solle es ja nicht wagen, weiterhin zu schreiben... Und was erleben Ihre Freunde – die wahren Patrioten, die Slawophilen? Ihre Journale werden verboten. Der neue Moskauer Statthalter Graf Arsenij Andrejewitsch Sakrewskij sagt frank und frei, die Slawophilen seien Moskauer Carbonari, Enkel Pugatschows und Söhne der Dekabristen-Meuterer.«

»Da reden Sie aber an der Sache vorbei, mein Herr! Denn der russische Geist kommt nicht aus Palästen; der Geist weht, wo er will. Puschkins Leib wurde getötet, aber sein Wort bleibt in Rußland unsterblich. Wir stemmen uns dem Staat nicht entgegen, wir wollen weder Aufstände noch Parlamente. Das Zaren-Reich soll bestehen bleiben, Gesetze und Armee sollen es stützen. Aber das Reich des Geistes ist ein ganz anderes Reich. Gebt dem Kaiser, was des Kaisers ist, und dem Geist, was des Geistes ist. Im Volke heißt es: ›Die Macht gehört dem Zaren, das Land aber Gott.‹ Um so mehr gilt das für die Gebiete des Geistes.«

»Gestatte, mein Lieber, daß ich hinzufüge: unsere hochverehrten Westler wollen nicht oder können nicht unterscheiden zwischen dem heutigen Rußland und dem ewigen, zwischen dem materiellen und dem geistigen Rußland. Diese Unfähigkeit zu unterscheiden, zeigt sich übrigens auch bei einigen unserer jungen Freunde, die es für erforderlich halten, sich altrussisch zu kleiden. Sie verurteilen den Zaren Peter recht hitzig und schroff. Manche gehen so weit, daß sie sich von Puschkin lossagen: er sei mehr Franzose und Äthiopier als Russe.«

»Und die Westler meinen, daß gerade in diesen Hitzköpfen das Wesen unserer slawisch-russischen Idee beschlossen liege, daß wir allem Ausländischen gegenüber feindlich gesinnt seien und es geradewegs den Chinesen gleichtun wollten – uns mit einer Mauer vom Westen abschirmen und das Fenster, das Peter der Große nach Europa aufgerissen hatte, wieder vernageln. Aber das ist keineswegs so, das Gegenteil trifft zu. Rußland soll geistig nach allen Himmelsrichtungen offen sein. Wir glauben an seine geistige Kraft, sie lebt seit tausend Jahren; weder die Tataren noch die Litauer noch die Schweden konnten sie vernichten. Weder auswärtige Feinde noch unsere inneren Leiden – die Knechtschaft unserer Bauern – waren imstande, diese Kraft zu überwältigen. Wir halten, genau wie Sie, die Leibeigenschaft für das Hauptübel, und wir hassen, genau wie Sie, Ungerechtigkeit, Bestechlichkeit und Willkür.

Aber wir erkennen auch andere Nöte, die Sie nicht sehen. Peter der Große öffnete das Fenster nach Europa zum Wohle Rußlands, aber er ließ alles herein: das Gute und das Schlechte. Über die aufgeklärten Gäste, über die uns Wohlgesinnten können wir uns nur freuen – seid herzlich willkommen. Und wir freuen uns, sind stolz darauf, wenn manche dieser Ankömmlinge sich vom russischen Geist durchdringen lassen, wenn sie zu unseren echten Landsleuten werden, wie Fjodor Petrowitsch.

Wer wird am russischen Geist jener Dichter zweifeln, deren Ahnen in fremden Ländern ruhen: Kantemir, Chemnizer, Delwig, auch der unglückliche Küchelbecker?[52] Und Wladimir Iwanowitsch Dahl[53] ist ja ein echter Russe, obwohl sein deutscher Vater noch als Offizier in dänischen Diensten stand. Sie alle sind heute Kinder des russischen Geistes, sind unsere geistigen Brüder.

Doch im materiellen Rußland – in der höheren Verwaltung, im Militär und in der Wissenschaft – haben sich viele Ausländer breitgemacht. Unter ihnen gibt es gewissenhafte Staatsdiener, treue Untertanen des Zaren, nützliche Lehrer, tüchtige Ärzte, Handwerker, Negozianten. Es gibt unter ihnen aber auch solche, die Rußland nicht kennen und nicht kennenlernen wollen, denen der russische Geist zuwider ist, die unsere Sitten, unsere Überlieferungen entweder aus Gewinnsucht oder aus törichter Anmaßung verderben und dabei doch manchen hohen Herrschaften gefallen und hohe Ränge einheimsen... Puschkins Schicksal war wahrhaft symbolisch. Der baltendeutsche Benckendorff[54] versuchte, ihn zu belehren, zu kommandieren, der Pole Faddej Bulgarin[55] hetzte gegen ihn und denunzierte ihn, und am Ende hat der Franzose d'Anthès diesen größten Poeten Rußlands ermordet.«

»Aber meine Herren, meine Herren, wir sollten doch nicht abschweifen. Derartige Dispute führen viel zu weit, so weit, daß ein allzu hitziger Streiter noch Gefahr läuft, zu einem Schützling von Fjodor Petrowitsch zu werden.«

Nikolaj Agapitowitsch Norschin, Patensohn und Zögling Fjodor Petrowitschs, den dieser als obdachlosen Waisenknaben zu sich genommen hatte, wurde Arzt. Haass hatte ihn auf das Universitätsstudium vorbereitet, ihn in Mathematik, Latein, Pharmakologie unterrichtet. Der junge Mann absolvierte sein Studium erfolgreich und wurde in Rjasan angestellt. Zum Abschied gab Haass ihm folgende Ermahnung mit:

Du bist ein junger Mensch, und das ganze Leben liegt noch vor Dir. Doch vergiß nicht, daß der Tod plötzlich eintreten kann, auch schon in der Blüte der Jahre. Daher sei immer auf ihn vorbereitet. Wenn Du schwer erkrankst, so bemühe Dich, bis zum Ende ein Christ zu bleiben und nicht zu sterben, ohne vor Gott bereut zu haben. Wenn dann kein katholischer Priester in Deiner Nähe sein sollte, so zögere nicht, einen rechtgläubigen Geistlichen zu rufen und ihn um das Abendmahl zu bitten.

In seine morgendlichen und abendlichen Gebete schloß Fjodor Petrowitsch seine Freunde und Verwandten ein, gedachte der Eltern, der Fürsten Golizyn und Schtscherbatow und all jener, die in seinem Krankenhaus verstorben waren. Wenn er sich auch nicht an alle Namen erinnern konnte, so hatte er doch ihre Gesichter, ihre Augen deutlich im Gedächtnis.

Gewöhnlich verrichtete er seine Gebete zu Hause, an Feiertagen jedoch eilte er für kurze Zeit in die katholische Kirche in der Kleinen Lubjanka, beichtete und kommunizierte.

Aufgeklärte Toleranz zu üben, war für Haass ebenso natürlich wie die stete Bereitschaft, jedem beliebigen Kranken und Leidenden zu helfen. Sein alter Freund, der Arzt und Chemiker Professor Ferdinand Reuß, der ihm 1810 bei der Analyse der kaukasischen Mineralwässer geholfen hatte, war ein frommer Lutheraner. Auch er gehörte zum Fürsorgekomitee und war einer von denen, die Haass gewöhnlich im Komitee unterstützten, wenn er ihm auch zuweilen seine Unnachgiebigkeit, seine Hitzigkeit und den Mangel an kühler Vernunft vorwarf. Ein paarmal meinte Reuß halb im Scherz, Haass sei trotz allem ein schlechter Katholik, denn er besuche die rechtgläubigen Kirchen häufiger als die katholischen. Er habe sogar auf den Sperlingsbergen eine rechtgläubige Kirche bauen lassen und sei mit russischen Geistlichen befreundet. Gerüchten zufolge singe er auch im russischen Kirchenchor mit und verbreite russische Gebetbücher.

Haass erwiderte ernst, er halte alle Arten von Kirchenspaltung für äußerst schädliche, aber doch nur für zeitlich bedingte und zweitrangige Phänomene in der Geschichte des Christentums. Deshalb unterstütze er gern die Bekehrung von Muselmanen und Juden zu jeder beliebigen christlichen Religion. Aber es bekümmere ihn, wenn ein Mensch aus der christlichen Konfession seiner Familie in eine andere christliche konvertiere, vor allem, wenn diese Konversion mit Beweggründen zusammenhänge, die dem christlichen Glauben sehr fern lägen.

Nach russischem Gesetz erhalte ein andersgläubiger Verbrecher, wenn er zur Orthodoxie übertrete, Strafmilderung, er werde in einigen Fällen sogar begnadigt. Doch wenn er, Haass, auch in solchen Fällen eine Konversion nicht eben gutheißen könne, so verwerfe er sie dennoch nicht. Denn niemand könne wissen, ob dieser Übertritt nicht zu einer echten, aufrichtigen Bekehrung führe.

Der in der Theologie bewanderte Reuß wies Haass nach, daß dieser schon in der Art, wie er ihm, dem Protestanten, widerspreche, sich gegen die Grundprinzipien des Katholizismus wende:

»Gewiß, mein lieber, hochgeschätzter Kollege, Sie halten sich für einen konsequenten Katholiken. Mir ist bekannt, wie hingebungsvoll Sie Ihren Glaubensgenossen, den Polen, helfen. Ich weiß, wieviel Mühe und Tränen Sie das gekostet hat. Denn ich habe mich selbst damals bemüht, ihnen zu helfen, obwohl die katholischen Dogmen und Riten meinen Prinzipien entgegenstehen. Wir nennen uns ja gerade deshalb Protestanten, weil wir uns diesen äußeren Formen und Riten des Gottesdienstes nicht unterwerfen wollten. So bin ich denn überzeugt, mein lieber Haass, wenn der Papst von all dem erführe, was Sie sich hier herausnehmen, er würde Sie exkommunizieren.«

»Erschrecken Sie mich nicht, lieber Professor. Ihr Protestanten seid ja diejenigen, die sich an Dogmen klammern. Lutheraner, Reformierte und Calvinisten halten sich nicht weniger streng an ihre Kirchenordnungen als preußische Offiziere an ihr Reglement. In eurer strikten Buchstabentreue seid ihr Muselmanen und Juden näher als uns. Wir Katholiken sind sehr viel toleranter, besonders wir Rheinländer. Und die Päpste, nun ja, sie sind verschieden. Was aber die Exkommunikation betrifft, so wurde davon so manche rheinische Stadt betroffen – Köln und auch andere – wegen rebellischer Unehrerbietigkeit gegenüber den Bischöfen, wegen Verletzung päpstlicher Bullen. Aber die Bewohner der mit dem Kirchenbann belegten Städte blieben gute Katholiken. Mir ist das Bild des Erlösers heilig, wo immer es auch geweiht sein mag – in Rom, in Köln oder in Moskau. Und Gottes Wort ist in allen Sprachen wahr und segenspendend. In lateinischer Sprache ist es für mich am vertrautesten, und deshalb klingt es mir in dieser Sprache am schönsten, aber der Seele ist es auch auf deutsch oder auf russisch vernehmlich.«

Fjodor Petrowitsch korrespondierte regelmäßig mit Norschin, der ihm ausführlich von seiner neuen Tätigkeit berichtete, von seinen ärztlichen Erfolgen und Mißerfolgen, und ihm seine Gedanken über die verschiedensten Themen mitteilte. Als er sich in ein deutsches Mädchen, die Tochter eines Kollegen, verliebt hatte und heiraten wollte, schrieb Fjodor Petrowitsch ihm und ging nun zum feierlichen »Sie« über:

18. Juli 1851. Sie wollen heiraten, lieber Freund. Möge Gott Ihre Absicht segnen, und möge das Familienglück Ihnen ein irdischer Lohn sein für das Gute, das Sie Ihren Nächsten zu erweisen sich bemüht haben und noch bemühen! Sie kennen meine Ansicht vom Glück. Es besteht darin, andere glücklich zu machen. Vermeiden Sie, mein Freund, alles, was Ihre Frau, Ihre Freundin, irgendwie betrüben könnte, und überdenken Sie Ihr Handeln vorsorglich so, daß es ihr angenehm sei. Haec fac ut felix vivis! Ich bin etwas besorgt wegen Ihrer unterschiedlichen Konfession. Ihre zukünftige Frau ist Protestantin. Aber schon Schelling hat 'mal in Jena gesagt, daß die Protestanten aufhören würden, solche zu sein, wenn sie nicht ständig protestieren würden. Zwischen Ehegatten müssen völlige Übereinstimmung und gegenseitiges Verständnis herrschen. Und das kann man nicht durch Streit und Widerspruch am besten erreichen, sondern indem man daran denkt, daß es nur einen Gott für alle gibt ...

In der großen Zelle des Hauptgefängnisses fielen unter den Zuchthäuslern – finsteren Gesellen mit zur Hälfte kahlgeschorenen Köpfen – einige stille, reinlich gekleidete alte Männer auf. Sie hielten sich abseits, lasen die Heilige Schrift; die alten Bücher waren säuberlich in Papier oder Stofflappen eingeschlagen. Die Männer lasen bald still für sich, bald abwechselnd laut. Manchmal psalmodierten sie halblaut Gebete. In ihrer Nähe verhielten sich auch die verbittertsten Häftlinge, die sich noch kaum von den Knutenschlägen erholt hatten, und die mit dem roten Mal D.I.E.B. auf Stirn und Wange Gebrandmarkten ruhig und sogar achtungsvoll.

Zuweilen versuchte der eine oder andere junge Arrestant, die alten Männer zu hänseln:

»Na, was hat dir denn euer Glaube geholfen? Kannst du dir solche Ketten erflehen, die leichter als Flaumfedern sind, die im Frost wärmen und in der Hitze kühlen?«

Die älteren Gefangenen befahlen den Rüpeln zu schweigen. Einen besonders frechen Spötter traktierten die Zellengenossen mit Faustschlägen und Fußtritten und stießen ihn unter die Pritsche. Die Alten traten für ihn ein: »Der ist doch noch jung. Solche soll man nicht mit der Faust belehren, sondern mit dem Wort.«

Fjodor Petrowitsch fragte sie, von woher man sie gebracht habe und warum. Sie waren »popenlose« Altgläubige aus nordrussischen Dörfern, verurteilt wegen »hartnäckiger Häresie und Sakrilegien«. Sie erkannten die neuen Ikonen und die »staatlichen« Geistlichen nicht an.

Sie waren sehr mager, vom Fasten ausgemergelt, hatten die Gefängnisverpflegung oft zurückgewiesen. Gewöhnlich ernährten sie sich nur von Wasser und Brot. Aber sie klagten nicht über irgendwelche Krankheiten, ließen es nicht einmal zu, daß die Ärzte sie untersuchten.

»Unsere Körper und unsere Seelen sind in der Hand des Herrn. Er bestraft unsere Sünden, schlägt uns mit Krankheit, er erbarmt sich und heilt. Menschenweisheit brauchen wir nicht. Die ärztlichen Wissenschaften sind alle vom Teufel. Du verzeih bitte, Fjodor Petrowitsch, wir wissen, daß du eine gute Seele hast. Wir beten jeden Tag zu Gott, er möge dir den Unverstand verzeihen, daß du dich aus lauter Güte vom Teufel verführen ließest, Arzt und Hexenmeister geworden bist, mit Gott in Wettstreit getreten bist und versuchst, die von ihm geschickten Krankheiten wegzuheilen. Nein, wir brauchen keinerlei Arzneien, wir nehmen sie nicht. Wir haben bessere Arzneien – Gebete und ein reines Gewissen.«

Haass sah, daß es sinnlos war, mit ihnen zu diskutieren. Er wollte ihnen deshalb ohne ihr Wissen helfen. Schon einmal war es ihm gelungen, einen bereits verurteilten Altgläubigen beim Zaren freizubitten. Doch er wußte, daß der Generalgouverneur Arsenij Sakrewskij, der ihm nicht gewogen war, sehr streng auf Subordination und dienstliche Reglements achtete. Deswegen richtete er seine Petition genau nach Vorschrift an den Präsidenten des Fürsorgekomitees:

Euer Erlaucht ist bekannt, wie oft das Komitee in ähnlichen Fällen die Gnade des Zaren erbeten und erlangt hat. Geruhen Euer Erlaucht gütigst, die Mühe auf sich zu nehmen, unseren neuen Vorgesetzten, Grafen Arsenij Andrejewitsch, hiervon in Kenntnis zu setzen, damit er diesen Fall nutzen kann, bei seinem ersten Erscheinen in unserer Mitte einige in Finsternis schmachtende Unglückliche durch des Zaren gnädige Nachsicht zu beglücken, dadurch zugleich auch uns zu beglücken, die wir beauftragt sind, durch christlichen Umgang mit den Gefangenen ihnen den wahren Geist des Christentums beizubringen und sie zu lehren, auf christliche Weise zu leben.

Eine Antwort erhielt er nicht. Doch schon bald wandte er sich erneut an den Generalgouverneur. Dieses Mal bat er um Gnade für drei kaukasische Geiseln.

Im Kaukasus herrschte seit vielen Jahren Krieg.[56] Die Generäle des Zaren bekämpften die hartnäckig Widerstand leistenden Bergvölker. Jedesmal, wenn der einheimische Fürst oder Älteste eines besiegten kaukasischen Stammes in den Ruinen seines verbrannten Aul Frieden schließen und schwören mußte, daß er und die Seinen hinfort gehorsame, treu ergebene Untertanen des »weißen Zaren« sein wollten, mußten sie einige ihrer Söhne als Geiseln (Amanaty) hergeben. Diese Geiseln wurden wie gewöhnliche Häftlinge nach Rußland eskortiert, und zwar in den Norden; dort sollten sie unter Polizeiaufsicht leben.

In Moskau waren drei junge Tscherkessen angekommen, erschöpft von der langen Fußreise und schwer erkältet. Sie sollten nödlich von Petersburg in einem finnischen Dorf angesiedelt werden. Haass pflegte sie, umsorgte sie und lehrte sie einige russische Wörter. Sie erholten und kräftigten sich.

Der älteste von ihnen war besonders gescheit und anstellig. Er begann, den Feldscheren zu Hand zu gehen, lernte rasch und eifrig Haass' Lektionen, ging sorgsam und fröhlich mit den Kranken um. Fjodor Petrowitsch hatte ihn besonders ins Herz geschlossen, und er bat den Präsidenten des Komitees schriftlich, sich für die Befreiung dreier junger Tscherkessen aus dem »Arrestantenstande« einzusetzen, da die doch keinerlei Verbrechen begangen hätten. Er wies darauf hin, daß sie zu nützlichen Gehilfen im Krankenhaus werden könnten und dies auch gerne wollten. Die Ansiedlung dieser Südländer im fernen Norden aber würde Krankheit und Tod für sie bedeuten.

Sakrewskij ließ dem Doktor Haass antworten, er habe in Zukunft alle Eingaben zu unterlassen, deren »Gegenstand außerhalb der Kompetenz des Komitees liegt«.

Und nachdem Fjodor Petrowitsch sich wieder einmal über die unerbittliche Strenge eines Konvoi-Kommandanten beschwert hatte, der ihm zum Tort kranke und alte Häftlinge besonders hart behandelte, ließ Sakrewskij Haass mitteilen, er werde selbst aus Moskau verbannt werden, wenn er seine ungehörigen Streitereien mit Gefängnis- und Konvoi-Offizieren sowie mit den Beamten des Generalgouvernements nicht endlich einstelle.

Man hinterbrachte Fjodor Petrowitsch des Generals zornige Worte:

»Ich nehme keine Rücksicht darauf, daß er in den Ranglisten als Staatsrat geführt wird. Ich werde den Gendarmen befehlen, ihn in eine Kreisstadt weitab von der Straße nach Waldimir zu bringen, weitab von allen Straßen, auf denen Arrestanten eskortiert werden, in eine Stadt, in der es kein Gefängnis, wohl aber ein Krankenhaus gibt. Da kann er dann wirklich Kranke kurieren, aber keine Verbrecher mehr verwöhnen.«

Seine Freunde flehten Haass an, sich zurückzuhalten, wenigstens eine Zeitlang die Gefängnisse seltener zu besuchen und mit seinen Fürbitten in Häftlingsangelegenheiten aufzuhören. Sakrewskij sei fähig, seine Drohung wahrzumachen.

Gerade in diesen Tagen brach in Moskau erneut die Cholera aus. Fjodor Petrowitsch nahm selber die ersten Kranken auf.

Und wie achtzehn Jahre zuvor küßte er sie zur Begrüßung, lehrte Ärzte und Feldschere, sich nicht vor Ansteckung zu fürchten. Und wie im Herbst 1830 verödeten auch jetzt die Straßen und Märkte.

Beim Generalgouverneur tagte ein permanentes Cholera-Komitee.

Die Professoren Reuß, Pohl und Netschajew versicherten Sakrewskij, in Moskau gäbe es keinen besseren Bekämpfer der Cholera als Fjodor Petrowitsch.

Auf den Sitzungen im Hause des Gouverneurs prophezeiten die alten Herren:

»Die Cholera kommt nicht von ungefähr. Ein solches Unheil ist immer ein Vorzeichen, daß noch anderes Unglück kommen wird. 1771 wurde Moskau von der Pest heimgesucht. Kaum war sie vorüber, da drang Pugatschow vom Jaik an die Wolga vor, verbrannte Städte und Dörfer, vergoß in Strömen unschuldiges Blut ... Und kaum hatte 1825 die Fieberepidemie in Moskau und Petersburg Hunderte und Tausende dahingerafft, da entschlief unser Zar Alexander Pawlowitsch, und die Garde rebellierte auf dem Senatsplatz ... Zum ersten Mal kam die Cholera, als die Franzosen wieder eine Revolution angezettelt, ihren rechtmäßigen König davongejagt hatten, und als bei uns die Polen sich gegen die russische Staatsmacht erhoben.

Und jetzt, kaum ist der erste Choleratote beerdigt, da gehen auch schon im Volk üble Redereien um. Die Leute rotten sich zusammen, beschimpfen Ärzte und Herrschaften mit schmutzigen Worten. Polizisten werden zusammengeschlagen. Wenn das so weitergeht, wird man Kanonen und Kartätschen einsetzen müssen wie damals auf dem Senatsplatz.«

Die Meldungen über Unruhen in der Stadt häuften sich. Handwerksgesellen hatten in einem Polizeirevier die Fensterscheiben eingeschlagen. Weiber belagerten ein Krankenhaus und forderten die Herausgabe der Bösewichter, die die Cholera eingeschleppt hätten.

Sakrewskij ließ Haass kommen:

»Fjodor Petrowitsch, mein Freund, zwischen uns gab es Mißhelligkeiten. Doch, wie man so sagt: wer wäre nicht sündig vor Gott und vor dem Zaren nicht schuldig. Jetzt haben wir eine gemeinsame große Sorge. Ich habe vernommen, wie kundig, ja geradezu tapfer und heldenmütig Sie Seuchen bekämpfen. Heute aber bitte ich Sie in einer anderen Sache um Ihre Hilfe. In der Stadt herrscht Unruhe. Unwissende und böswillige Elemente säen schändliche Gerüchte aus über die Obrigkeit und über die Ärzte, stacheln das einfache Volk zu Gewalt und Rebellion auf. In ganz Moskau kennt und liebt man Sie. Ihnen glaubt auch das gemeine Volk. Ich bitte Sie, fahren Sie durch die Stadt, und wo Sie Menschenansammlungen sehen, beruhigen Sie die Leute mit Ihren klugen und weisen Worten. Verlassen Sie heute und morgen für eine oder zwei Stunden Ihre Kranken, und widmen Sie Ihre Kräfte der Stadt Moskau.«

Langer Vorbereitungen bedurfte es nicht. Jegor allerdings war sehr ungehalten: »Und wohin wird uns dieser Leichtsinn bringen?! Oh, Väterchen Fjodor Petrowitsch, ich werde mich über dich bei der Schwester, beim Fräulein Wilhelmine, beklagen: diese Halunken könnten uns ja totschlagen.«

Am Sucharewturm lärmte eine dichte Menschenmenge, wildes Geschrei klang auf. Man erkannte Fjodor Petrowitsch, und ein Bursche in Bastschuhen brüllte:

»Weg mit diesen deutschen Ärzten, sie haben die Cholera reingelassen. Werft den Hundesohn in den Kanal!«

Sofort gellten von überallher laute Rufe:

»Verrückter Teufel... Bist du toll geworden!?... Das ist doch Fjodor Petrowitsch, der Mann Gottes. Ohne ihn wären wir schutzlose Waisen...«

»... Väterchen, Fjodor Petrowitsch, was hat das alles zu bedeuten? Welcher Satan hat uns wieder die Cholera auf den Hals gehetzt?«

Haass stand aufrecht in seinem leichten Wagen, die eine Hand auf Jegors Schulter gestützt, mit der anderen wies er zum Himmel:

»Gott ist mein Zeuge, daß ich die reine Wahrheit sage...« Während er sprach, wandte er sich bald zu dieser, bald zu jener Seite, forderte mit einladenden Gesten die Leute zum Zuhören auf.

Er sprach überzeugt, ruhig, deutlich vernehmbar, aber stets bemüht, nicht allzulaut zu sprechen, um seine Stimme zu schonen. Er mußte ja noch an vielen anderen Stellen reden.

»Liebe Leute, die Cholera ist eine böse Krankheit, eine

Strafe Gottes. Sie kommt auf verschiedenen Wegen, vor allem mit dem Wasser, über die Flüsse, über große und kleine Flüsse...«

»Richtig gesagt, Fjodor Petrowitsch, sie ist von der Wolga gekommen und von der Oka...«

»Da geht sie also von unten nach oben? Dem Flußlauf entgegen?«

»Ja, sie geht auch der Strömung entgegen. Diese böse Krankheit besitzt sehr böse Kräfte. Ihre böse Kraft steckt im Wasser, in verschiedenen Gemüsen und Früchten. Unser bester Schutz ist der Herrgott. Er straft und er verzeiht. Christus, der Erlöser, und die allerreinste Gottesmutter bitten für uns alle. Sie befehlen uns, den Ärzten, daß wir all unsere Kräfte daransetzen, die Kranken zu heilen und zu kräftigen, die böse Macht der Cholera zu überwinden. In meinem Krankenhaus habe ich bis heute dreiundzwanzig Cholerakranke; neun davon sind, Gott sei Lob und Dank, schon wieder ganz gesund, drei sind auf dem Wege der Besserung. Sieben Menschen starben. Und vier sind noch sehr krank, sie wurden erst letzte Nacht eingeliefert. Meine Gehilfen, die Ärzte, Feldschere und Studenten, weichen nicht von ihren Betten. Ich will euch auch sagen, wie wir die Kranken behandeln: Wir legen sie in warmes, sauberes Badewasser, wärmen die Muskeln, die Adern, den ganzen Körper. Denn die Cholera ist eine kalte Kraft. Wir verabreichen den Kranken warme Arznei, vor allem Kamillentee. Das ist eine sehr gute Medizin. Und dann reiben wir auch mit sauberen Bürsten Beine, Rücken und Hände. Die Bürsten erwärmen das Blut, sorgen dafür, daß es schneller fließt und die Kraft der Cholera vertreibt.

Andere Mittel haben wir nicht. Ich sage euch die Wahrheit, gute Leute. Jede Krankheit hat ihr eigenes Geheimnis. Und alle Geheimnisse zusammen kennt nur Gott. Wir, die Ärzte, kennen nur einen kleinen Teil. So weiß ich zum Beispiel dieses: Wenn der Cholerakranke zwei Tage übersteht, kann man hoffen, daß er die Krankheit überleben und gesund werden wird. Wenn der Tod nicht am ersten Tag eintritt, in den ersten Stunden nach der Erkrankung, darf man hoffen. Übersteht er zwei Tage, dann wird er auch wieder gesund. Und ihr, liebe Leute, müßt wissen, daß ihr einen Erkrankten sofort ins Krankenhaus bringen müßt, ohne zu zögern. Wir werden ihn behandeln und sein Leben retten. Ihr braucht keine Angst zu haben, den Kranken anzufassen. Die Cholera steckt nicht von Mensch zu Mensch an, sie steckt im Wasser, in der Nahrung, im Schmutz...«

Sie hörten angespannt zu, stellten Fragen:

»Wie kann man erkennen, daß jemand die Cholera hat und nicht einfach Fieber oder Bauchweh?«

Die aufgeregten Menschen wurden nach und nach wieder ruhig. Mehrmals täglich kamen von der Polizei eilige Boten und riefen Fjodor Petrowitsch – mal zum Friedhof, mal zu anderen Krankenhäusern – überall dorthin, wo Menschen sich zusammengerottet hatten, verängstigte, wütende, verzweifelte Menschen. Er fuhr sofort hin, beruhigte, versprach, erklärte.

Auf kaiserlichen Erlaß erhielten alle Ärzte, Feldschere und Sanitäter während der Cholera eine Gehaltsaufbesserung. Fjodor Petrowitsch fertigte eine Namensliste aller Ärzte und aller sonstigen Krankenhausbediensteten an, die ihm unterstanden.

Er selbst sollte 700 Rubel bekommen. Aber er lehnte sie entschieden ab: »Als Mitglied des Fürsorgekomitees schickt es sich für mich nicht, irgendeine Gratifikation anzunehmen.«

Schon zwei Jahre vorher hatte das Komitee die Bezüge aller Mitarbeiter in den Gefängniskrankenhäusern erhöht und damit auch die des Doktor Haass als Chefarzt der Moskauer Gefängniskrankenhäuser, und zwar von 514 Rubel Jahresgehalt auf 1000 Rubel. Auch damals hatte er die Erhöhung für sich abgelehnt und in der Komiteesitzung zu Protokoll gegeben:

Mit der Gehaltserhöhung für die Angestellten in den Krankenhäusern bin ich einverstanden; aber ich möchte davon keinen Gebrauch machen. Ich beehre mich anzuzeigen, daß ich mit Rücksicht darauf, daß ich nicht mehr lange zu leben habe, beschlossen habe, das Komitee nicht mit irgendwelchen Vorstellungen dieser Art zu belästigen.

Im Herbst erlosch die Cholera-Epidemie. Jene alten Männer, die bei ihrem Ausbruch prophezeit hatten, die Cholera sei nur der Vorbote weiteren Unheils, versteiften sich jetzt darauf, richtig vorhergesagt zu haben, denn das ganze Jahr hindurch brachten die Zeitungen beunruhigende Nachrichten und Meldungen.

So hatten schon im Februar 1848 die Franzosen ihren König wieder davongejagt, und im Sommer rebellierten die Arbeiter in den Straßen von Paris, bauten Barrikaden. Die Kanonen donnerten.

Aus Preußen, Sachsen und Österreich hörte man von Aufständen, Barrikadenkämpfen. Und in Petersburg befürchtete man eine neue Rebellion der Polen.

Im Dezember 1849 ging in einem Zuchthäuslertransport ein magerer junger Mann, an Händen und Füßen gefesselt, durch Moskau – es war der Schriftsteller Fjodor Dostojewskij. Er hatte einem Zirkel angehört, der in der Wohnung des Studenten Michail Petraschewskij philosophische und politische Aufsätze gelesen und diskutiert hatte.

Die jungen Männer träumten von der Aufhebung der Leibeigenschaft und der Abschaffung der Standesprivilegien, von der Einführung einer Konstitution, von unabhängigen Gerichten, von Volksvertretungen. Die meisten der Teilnehmer begeisterten sich für die Ideen von Fourier und Saint-Simon, glaubten an eine friedliche Umgestaltung der Gesellschaft und waren überzeugt, daß gerade die russischen Bauern, die in traditionellen Dorfgemeinden mit gemeinsamem Bodenbesitz lebten, ihrer ureigensten Natur nach Sozialisten waren.

Auf einer Zusammenkunft des Zirkels hatte Dostojewskij Belinskijs Brief an Gogol vorgelesen.

Dostojewskij glaubte nicht eigentlich an die Möglichkeit einer sozialen Umgestaltung, er stimmte aber mit Belinskij überein, der dem geliebten großen Dichter Gogol vorwarf, er sei in seinem Buch ›Ausgewählte Stellen aus dem Briefwechsel mit Freunden‹ von der Wahrheit abgewichen, die er in seinen künstlerischen Werken vertreten habe, und er habe begonnen, den wirklichen Bedürfnissen und Hoffnungen des Volkes zuwider, rückständige politische Ansichten zu verkünden, Leibeigenschaft, Polizeiregiment und scheinheilige Intoleranz zu verherrlichen.

Alle achtzehn Mitglieder des Zirkels – sie wurden nach dem Initiator »Petraschewzen« genannt – wurden verhaftet und zum Tode verurteilt, die Hinrichtung sollte öffentlich stattfinden. Sie wurden in der Morgenfrühe zur Richtstätte geführt. Die erste Gruppe der Verurteilten hatte man schon an die Pfähle gebunden und ihnen die Säcke über die Köpfe gezogen. Doch statt der tödlichen Salve ertönte die Stimme eines Beamten, der den kaiserlichen Gnadenerlaß verlas. Die Todesstrafe war in Zuchthausstrafe umgewandelt worden.

Diese Dramaturgie hatte der Zar höchstpersönlich ausgearbeitet. Er liebte theatralische Effekte. Er hatte sich auch ausgedacht, Schriftsteller mit allerstrengstem Schreibverbot zu bestrafen, und befohlen, ihnen jegliche Schreibutensilien vorzuenthalten. Dieser Strafe unterlagen zum Beispiel der große ukrainische Dichter Taras Schewtschenko und der junge Dichter Alexander Poleshajew.[57] Auch dem Philosophen Pjotr Tschaadajew, den Seine Majestät für geisteskrank hatten erklären lassen, wurde verboten zu schreiben.

Mit Schreibverbot hatte die kaiserliche Gnade auch Dostojewskij belegt, der damals schon ein sehr bekannter Schriftsteller war. Seine Romane ›Arme Leute‹, ›Der Doppelgänger‹ und ›Erniedrigte und Beleidigte‹ hatten ihn berühmt gemacht.

Die »Petraschewzen« wurden in jenen Tagen durch Moskau getrieben, als der Generalgouverneur Sakrewskij sich noch nicht von den durch die Cholera verursachten Sorgen und Ängsten und von den bedrohlichen Nachrichten über die revolutionären Vorgänge in Europa erholt hatte. Kürzlich erst hatten russische Truppen dem Kaiser von Österreich helfen müssen, die rebellischen Ungarn zur Räson zu bringen.

Was Wunder, daß auf den Sperlingsbergen das Reglement verschärft worden war. Doch Fjodor Petrowitsch ließ sich dadurch nicht einschüchtern.

Dostojewskij erinnerte sich noch viele Jahre später an Fjodor Petrowitsch. In seinen Konzepten zu ›Schuld und Sühne‹ und im ›Tagebuch eines Schriftstellers‹ stößt man mehrmals auf den Namen Haass als einem lebendigen Beispiel tätiger Güte. Im Roman ›Der Idiot‹ widmete er ihm folgende Zeilen:

In Moskau lebte früher ein alter General, das heißt, ein Militär war er nicht, führte jedoch den Titel Wirklicher Staatsrat und trug einen deutschen Namen. Sein ganzes Leben lang ging er in Gefängnissen und unter Verbrechern umher. Jeder Verbrechertrupp, der nach Sibirien abging, wußte schon im voraus, daß der »alte General« zur Visitation auf die Sperlingsberge kommen würde. Er erfüllte seine Pflicht mit Ernst und Andacht. Er erschien, ging die Reihen der Verschickten ab, blieb bei jedem einzelnen stehen, fragte jeden nach seinen Bedürfnissen, machte niemandem einen Vorwurf und redete sie alle mit »Täubchen« an. Er gab jedem von ihnen Geld, schickte ihnen die notwendigsten Dinge, Tücher, Fußlappen usw., er brachte ihnen zuweilen Andachtsbücher mit, gab sie denen, die lesen konnten, und war fest davon überzeugt, sie würden sie unterwegs auch tatsächlich lesen und den Gefährten, die nicht lesen konnten, daraus vorlesen.

Nach der Art des Vergehens fragte er nie, hörte aber geduldig zu, wenn der Gefangene selbst davon zu sprechen anfing. Alle Häftlinge standen bei ihm auf der gleichen Stufe, einen Unterschied gab es für ihn nicht. Er sprach mit ihnen wie mit Brüdern, und sie betrachteten ihn zuletzt als ihren Vater. Sah er eine Verschickte, die ein Kind auf dem Arm trug, so ging er zu ihr, streichelte das Kind und schnippte mit den Fingern, um es lächeln zu machen.

All das tat er viele Jahre bis zu seinem Tode. Alle Verbrecher in ganz Rußland und ganz Sibirien kannten ihn. Mir erzählte einmal ein ehemaliger Verschickter aus Sibirien, er sei Zeuge gewesen, wie sich die eingefleischtesten Verbrecher des »alten Generals« erinnerten, obgleich der nie mehr als zwanzig Kopeken jedem einzelnen geben konnte. Nicht, daß sie mit Dank oder mit Rührung seiner gedacht hätten! Irgendein »Unglücklicher«, der vielleicht zwölf Seelen auf dem Gewissen und sechs Kinder nur so zu seinem Vergnügen getötet hatte – man sagt, es soll solche geben –, erinnerte sich plötzlich an ihn, mir nichts dir nichts, und vielleicht auch nur einmal in zwanzig Jahren, seufzte und sagte: »Sollte der alte General am Ende immer noch leben?« Und dabei lächelte er – und das war alles. Doch wer kann wissen, welch ein Samenkorn der »alte General«, den er in zwanzig Jahren nicht vergessen hatte, ihm auf ewig in die Seele gepflanzt hat?

Manche Dostojewskij-Forscher vermuten, daß Fjodor Petrowitsch eines der Vorbilder für den Fürsten Myschkin, der Hauptgestalt des Romans ›Der Idiot‹, gewesen ist.

Generalgouverneur Sakrewskij bedrohte nach Ende der Cholera und nach allem, was er über die unermüdliche, uneigennützige Arbeit Fjodor Petrowitschs hatte zur Kenntnis nehmen müssen, diesen nun nicht mehr. Doch da er im Unterschied zu seinen beiden Vorgängern ein wenig gebildeter, beschränkter und mißtrauischer Bürokrat war, verhielt er sich Haass gegenüber nach wie vor gleichgültig, seine Bitten und Eingaben erachtete er als »keiner Beachtung wert«.

Aus Tula war ein älterer Häftling angekommen. Von den schweren Fußfesseln waren seine Beine so geschwollen, daß er nur mit Mühe gehen konnte. Er bat darum, die Fußfesseln durch Handfesseln zu ersetzen. In der Regel wurde einem solchen Wunsch stattgegeben. Der Konvoi-Kommandant genehmigte daher auch Haass' Forderung. Aber der Beamte, der die Abfertigung der Transporte zu kontrollieren hatte, verbot den Austausch und weigerte sich, in der Häftlingsliste die Zeile »geht in Fußfesseln« in »geht in Handfesseln« zu verändern. Was dann folgte, meldete er dem Generalgouverneur:

Haass trat auf den Schmied zu, der dem Arrestanten die Ketten anschmieden sollte, nahm die Fußfesseln ab und gab sie trotz des Protestes der anwesenden Beamten nicht wieder heraus.

Der übereifrige Pedant befahl, dem kranken Arrestanten trotzdem Fußfesseln anzuschmieden. Daraufhin, wie er nachher meldete, *beschimpfte Haass in Anwesenheit der Arrestanten mit lauter Stimme die Gouvernementsbeamten als Missetäter, Tyrannen, Barbaren, Folterknechte... Während dieses Vorgangs konnte man in den Gesichtszügen der Arrestanten offenkundigen Zorn gegen alle Herren Beamten erkennen.*

Der Rapport endete wie viele zuvor. *Die Anwesenheit des Doktor Haass im Hauptverschickungsgefängnis ist nicht nur überflüssig, sie verursacht Schaden und behindert die ordnungsgemäße Erfüllung der Dienstobliegenheiten.*

Haass gab nicht auf, obwohl er immer häufiger mit Altersbeschwerden zu kämpfen hatte: Atemnot quälte ihn, und gegen Abend gehorchten ihm die Beine nicht mehr recht, weil sie so angeschwollen waren. Vor allem das schmerzhafte Podagra machte ihm mehr und mehr zu schaffen. Trotzdem versäumte er keine einzige Sitzung des Fürsorgekomitees, auch keinen einzigen Transport, der von den Sperlingsbergen abging.

Im August 1849 schrieb Haass an den Generalgouverneur:

Am vergangenen Sonntag wurde eine vierzehnjährige Waise von ihrer Tante und Taufpatin, welche freiwillig ihrem Ehemann nach Sibirien folgte, weggerissen. Sozusagen vor den Augen Ihrer Erlaucht und Ihrer Eminenz wurde die Patin ihres Zöglings beraubt und die minderjährige Waise bar jeder Menschlichkeit auf die Straße geworfen.

Im tiefsten Innern halte ich dafür, daß die Ursachen des Unglücks, das uns anvertraute Menschen zu erdulden haben, bei uns, den Mitgliedern des Gefängnis-Fürsorgekomitees, zu suchen sind, da wir untereinander nicht Wahrheit und Frieden beachten...

Dieses Mädchen, in Tränen aufgelöst, wollte zu seiner Tante eilen, doch der Aufseher hielt sie am Arm fest, und die Tante konnte dem Kinde nicht einmal Lebewohl sagen.

Der Vermerk des Grafen Sakrewskij zu diesem Brief lautete: »Verdient nicht, beachtet zu werden.«

Der Präsident des Petersburger Fürsorgekomitees Lebedew kam 1861 nach Moskau zu einer Visitation der dortigen Haftanstalten. Er war aufs angenehmste überrascht, mit welch eifrigem, aufrichtigem Entgegenkommen ihm ein Polizeibeamter behilflich war.

Lebedew belobigte ihn für sein absolut ungewöhnliches und informelles Verhalten in Häftlingsangelegenheiten. Daraufhin erzählte ihm der Beamte, daß einmal im Herbst 1852 der alte Haass in strömendem Regen zu ihm gekommen und um eine Auskunft gebeten habe:

Ich hatte damals schrecklich viel Arbeit. Die Unterlagen, die er hatte, waren nicht komplett. Das erklärte ich dem Doktor ziemlich ungeduldig. Der entgegnete gar nichts, verbeugte sich und ging hinaus. Aber dann, drei Stunden später – ich traute meinen Augen nicht –, erschien Fjodor Petrowitsch wieder bei mir, naß bis auf die Knochen, und überreichte mir mit entschuldigend-gütigem Lächeln die allergenaueste Aufstellung; er hatte alle nötigen Angaben bei den verschiedenen Polizeirevieren erfragt, war regelrecht hinter ihnen hergejagt, war in Regen und Sturm bis ans andere Ende der Stadt gefahren. Seit dieser Lektion habe ich nie mehr Häftlingsangelegenheiten verschleppt oder unbesehen abgelehnt.

1891 erinnerte sich der Direktor der Moskauer Universitätsklinik, Professor Nowitzkij, wie er Haass zum ersten Mal begegnete:

Ich hatte als junger Assistenzarzt Dienst im Alten Katharinen-Hospital, dessen Chef Fjodor Petrowitsch war, und ich stellte ihm einen äußerst interessanten Neuzugang vor: ein elfjähriges Bauernmädchen. Sie war im Gesicht von der sehr seltenen und fürchterlichen Krankheit des Wasserkrebs befallen. Innerhalb von vier oder fünf Tagen hatte der

Krebs bereits die eine Hälfte ihres Gesichtes verzehrt, dazu die Nase und ein Auge. Abgesehen vom rapiden Krankheitsverlauf und der unbeschreiblich fürchterlichen Schmerzen, die das Mädchen zu erdulden hatte, verbreiteten die sich zersetzenden Gewebe einen solch entsetzlichen Geruch, wie ich ihn in meiner vierzigjährigen Tätigkeit als Arzt nie wieder habe ertragen müssen. Weder die Ärzte noch das Pflegepersonal hielten diesem entsetzlichen Gestank stand. Nicht einmal die liebende Mutter konnte es in dem Krankenzimmer aushalten. Nur Fjodor Petrowitsch, den ich gerufen hatte, brachte es fertig, drei Stunden an ihrem Bett auszuharren. Er nahm das Mädchen in die Arme, küßte und segnete es. Auch in den beiden nächsten Tagen saß er lange bei ihm. Am dritten Tag starb das Mädchen.

Anfang August 1853 erkrankte Fjodor Petrowitsch. Er hatte Karbunkel am Rücken, im Nacken, in den Leisten. Sie verursachten Fieber und Schüttelfrost. Er konnte nicht liegen und saß daher ständig in seinem alten Sessel. Jede Bewegung bereitete ihm Schmerzen. Er schlief sehr schlecht. Trotzdem verlangte er »Rapport« und gab seine Behandlungsanweisungen.

Der junge Doktor Shisnewskij wollte den alten Herrn gern ein wenig ablenken, der von Schmerzen, Schlaflosigkeit und Schüttelfrost so gequält wurde. So erzählte er ihm, wie er zum ersten Mal nach Moskau gekommen war. »Ich rief einen Droschkenkutscher und befahl ihm: ›Bring mich in das Polizeikrankenhaus!‹ Der fragte zurück: ›Meinen'se das Haassche?‹ – ›Ja, kennst du denn den Doktor Haass?‹

›Lieber Herr, wie soll ich den denn nicht kennen? Ganz Moskau kennt den doch! Fjodor Petrowitsch – jaaa – das ist einer, der hilft jedem. Allen Kranken und auch den Häftlingen ...‹ Ja, und dieser Droschkenkutscher war es, der mich zu Ihnen gebracht hat, lieber Lehrer. Er brachte mich in eine neue, besondere Welt ... Und ich bin glücklich, daß ich in Ihrer Welt leben darf.«

»Danke, mein Lieber, danke vielmals für die guten Worte. Aber sie exagerieren, Sie übertreiben ...«

Shisnewskij berichtete weiter über seinen Besuch:

... Er saß in seinem Zimmer, ein wenig abgeschirmt vom übrigen Raum, im Voltairesessel, nicht mehr im abgenutzten Frack, sondern im Morgenrock. Sein Gesicht strahlte wie immer Ruhe und Güte aus. Und die Weihe, die von diesem Menschen ausging, ergriff mich, ich hätte so gerne seine Hand geküßt, aber ich beherrschte mich, weil ich fühlte, es wäre durchaus nicht in seinem Sinne, es würde ihn verwirren.

Schwester Wilhelmine war schon ein Jahr zuvor zu den Verwandten nach Köln zurückgekehrt. Als Haass ernstlich erkrankte, wurde er von Feldscheren und Pflegern seines Krankenhauses und dem unermüdlichen Jegor versorgt, der auch die Besucher empfing und hinausbegleitete.

Fjodor Petrowitsch hatte angeordnet, jeden, der wollte, zu ihm zu lassen. Seinen Sessel hatte man in das größere seiner beiden Zimmer hinübergestellt.

Es kamen Kranke, die nicht bettlägerig waren. Er beriet sie und gab ihnen Anweisungen. Es kamen alte und neue Bekannte, Nachbarn und Patienten.

In den Gefängnissen sprach sich die Nachricht von seiner Krankheit herum, und die Arrestanten baten den Gefängnisgeistlichen Orlow, nach der Messe ein Bittgebet für seine Genesung zu lesen. Orlow besuchte den Metropoliten und fragte an, ob ein Bittgebet für die Genesung eines Andersgläubigen nicht irgendwelche kirchlichen Regeln verletze. Filaret hörte den Fragenden gar nicht erst zu Ende an:

»Gott hat uns aufgetragen, für alle Lebewesen zu beten, und ich beauftrage jetzt dich! Wann kannst du bei Fjodor Petrowitsch sein? Geh mit Gott. Auch ich werde ihn besuchen.«

Als der Metropolit zu Haass ins Zimmer trat, versuchte dieser aufzustehen, um ihm entgegenzugehen. Doch Filaret hielt ihn mit einer entschiedenen Handbewegung zurück.

»Bleib sitzen, Lieber, bleib sitzen, ich werde mich zu dir setzen, und wir werden uns ein Weilchen friedlich miteinander besprechen. Ich sehe, du gönnst dir auch jetzt noch keine Ruhe, befassest dich mit Schriftsachen. Statt eines Arztes sitzt ein Schreiber bei dir.«

Haass hatte gerade eine Ergänzung zu seinem Testament diktiert. Den Hauptteil hatte er schon ein Jahr zuvor selber auf russisch geschrieben.

Der Metropolit las auf dem ersten Blatt:

Ich denke stets an die mir zuteil gewordene Gnade, die mich ruhig und zufrieden mit allem werden ließ außer dem einen Wunsch, der Wille Gottes möge an mir erfüllt werden. Führe mich nicht in Versuchung, gnädiger Gott, dessen Gnade höher ist als alle Seine Werke. Auf Dich allein vertraue ich armer Sünder ganz und gar. Amen.

Ein paar Minuten blickte der Metropolit schweigend auf diese Zeilen.

Haass hatte sich zusammengekrümmt, hielt den Kopf gesenkt, auf seiner Stirn erschienen Schweißtröpfchen, er unterdrückte ein Stöhnen.

Der Metropolit erhob sich und, für ihn selbst unerwartet, streichelte er vorsichtig und sanft die Schultern, die sich im Schmerz verkrampft hatten. Er schlug über Fjodor Petrowitsch mehrmals mit den raschen Bewegungen seiner trokkenen kleinen Hand das Kreuz.

»Gott segne dich, Fjodor Petrowitsch. Hier steht die Wahrheit geschrieben, Gott hat dein ganzes Leben, alle deine Werke gesegnet. In dir haben sich die Worte des Erlösers erfüllt: ›Selig sind die Sanftmütigen... Selig sind, die da hungert und dürstet nach der Gerechtigkeit... Selig sind die Barmherzigen... Selig sind, die reinen Herzens sind... Selig sind die Friedfertigen...‹ Stärke deinen Geist, mein Bruder Fjodor Petrowitsch, du wirst in die himmlische Seligkeit eingehen...«

Haass hob die tränenfeuchten Augen. Er preßte die Lippen zusammen, unfähig zu sprechen, aber er versuchte zu lächeln, nickte dankbar, verbeugte sich.

Filaret ging.

Auch ganz fremde Menschen besuchten den Todkranken. Elegante, parfumduftende Damen trösteten den lieben, guten Fjodor Petrowitsch in französischer Sprache, Handwerker in schmutzigen Arbeitskitteln, Bauern in Bastschuhen verneigten sich tief, ohne die Türschwelle zu übertreten, berührten dabei mit der Hand den Boden.

»Leb wohl, Väterchen Fjodor Petrowitsch, leb wohl und verzeih uns. Sei uns vor dem Herrgott ein Fürbitter, bitte für uns Unglückliche und Schutzlose.«

Die Schriftstellerin Jelisaweta Draschussowa besuchte ihn täglich und schrieb später:

Trotz der Krankheit drückte das wohlgebildete Greisengesicht ungewöhnliche Güte und Freundlichkeit aus. Er klagte nicht nur nicht über seine Schmerzen, er sprach überhaupt nicht über sich selbst, beschäftigte sich nur mit seinen Schützlingen, den Armen, Kranken, Gefangenen. Er traf seine Verfügungen wie ein Mensch, der eine lange Reise vor sich hat und alles geordnet zurücklassen möchte.

Seinem Testament, das viele Seiten umfaßte, fügte er immer wieder neue Zusätze hinzu:

Da ich als gänzlich unvermögend anerkannt bin, können meine Verwandten keinerlei Ansprüche auf das erheben, was ich hinterlassen kann. Ebenso werden meine Gläubiger, wenn sie alles verteilt haben, was ihnen das Gericht zuspricht, wohl keine weiteren Forderungen auf meinen eventuellen Nachlaß erheben. Daher wage ich anzunehmen, daß ich die Obrigkeit nicht durch meine ergebenste Bitte belasten werde, meine gesamte eventuelle Hinterlassenschaft möge nicht versiegelt und, auf meinen aufrichtigen Wunsch und meine Bitte, meinem alten treuen Freunde, dem Wirklichen Staatsrat Andrej Iwanowitsch Pohl übergeben werden. Diesen bitte ich hiermit um seine Zustimmung, mein Testamentsvollstrecker zu sein, mit Hilfe unserer Kollegen und Freunde: Pawel Jakowlewitsch Wladimirow, Fjodor Michajlowitsch Jeletzkij, Wassilij Filipowitsch Sobakinskij, Christian Fjodorowitsch Pohl, Lew Grigorjewitsch Hofman, Iwan Alexejewitsch Netschajew sowie unserer alten Freunde Iwan Fjodorowitsch Pomeranzew und Wassilij Iwanowitsch Rosenstrauch. Ich bin überzeugt, daß damit keine besondere Mühe für ihn verbunden sein wird. Ich überlasse es Andrej Iwanowitsch, ohne jede Rechenschaftspflicht über alles zu bestimmen, was getan werden muß. Ich bitte Andrej Iwanowitsch, jedem etwas zu schenken, der ein Andenken an mich haben möchte. Alle Bücher, die für die Bibliothek unserer Kirche geeignet und erbaulich sind, schenke ich der Bibliothek unserer Kirche, ebenso das Fortepiano und die lateinischen Lieder, die man bei mir finden wird. Die beiden Bände des Lexikons von Blancard soll das Comptoir des Polizeikrankenhauses für obdachlose Kranke erhalten, ebenso, nach dem Ermessen von Andrej Iwanowitsch, einige medizinische Bücher, so daß in dem Krankenhaus eine kleine medizinische Bibliothek aufgebaut wird.

Von den übrigen medizinischen Büchern sind weiterhin so viele, wie Andrej Iwanowitsch für richtig hält, an Nikolaj Agapitowitsch Norschin zu schenken. Alle sonstigen Bücher und Sachen sollen verkauft und der Erlös in zwei Teile geteilt werden. Einen wird Andrej Iwanowitsch unter den Armen bei unserer Kirche verteilen. Den anderen Teil erhält mein Freund Pawel Jakowlewitsch Wladimirow an unserem Krankenhause zur Verteilung, wie er dies auch früher zu meiner großen Dankbarkeit und höchlichen Tröstung getan hat...

Wenn ich übriges Bargeld hinterlassen sollte, so wünsche ich, daß alle vorhandenen ungebundenen ›ABC der christlichen Sittsamkeit‹ und alle Kartons des ›ABC‹ gebunden aufbewahrt werden, bis sie mit der Zeit allmählich verkauft oder umsonst abgegeben werden, wie Pawel Jakowlewitsch es für richtig hält...

Den besten Alexej Nikolajewitsch Bachmetjew bitte ich ergebenst, gelegentlich einen barmherzigen Blick auf den bedauernswerten Filip Andrianowitsch zu werfen. Die erste Wohltat, die diesem von Alexej Nikolajewitsch erwiesen worden war, wurde zur Ursache für alles das, was ich nach ihm tun konnte. Offenbar wollte die Vorsehung ihn unserer beider Hände übergeben.

Auf meinem Tisch steht ein kleiner Kasten, darin Tinte, Feder und die Reliquien des Hl. Franz von Sales. Dieses Kästchen soll man Bogoljubowa Dawydowna Bojewskaja geben, die es mit der Zeit so einrichten wird, daß die Reliquien in der katholischen Kirche von Irkutsk aufbewahrt werden können. In der oberen Kommodenlade liegen zwei Bilder, von meinem Väterchen und von meinem Mütterchen. Ich überlasse sie ebenfalls ihr, damit sie sie ruhig bei sich aufhebt. Meinen vortrefflichen Wohltäter Nikolaj Alexejewitsch Muchanow bitte ich, er möge über Andrej Iwanowitsch eine Zeitlang die Zahlung von zehn Silberrubeln monatlich an die arme, überaus gütige Bojewskaja fortsetzen, die mir wie eine geistige Tochter und Schwester ist. Oh, wie wohltätig ist für mich Deine Hand, verehrtester Nikolaj Alexejewitsch!

Es gibt noch einige weitere Arme, denen ich von Herrn Muchanow jeden Monat etwas gegeben habe: Anna Petrowna Trinkler zwei Rubel, Frau Bessonowa einen Rubel, Frau Rylejewa einen Rubel, dem armen Mädchen Irina im Nabilkow-Asyl einen Rubel, Frau Mededina einen Rubel. Matrjona mit den Töchtern erhält einen Rubel, womit ich über Iwan Jakowlewitsch, wenn er Unterstützung findet, fortzufahren bitte.

Die Porträts meiner beiden Wohltäter, Graf Sotow und General Buturlin, überlasse ich meinem Freunde Andrej Iwanowitsch Pohl, der ihnen gegenüber meine Gefühle der Liebe und Ergebenheit teilt.

Bezüglich des Gemäldes von van Dyck, das der Ehrenbürger Fjodor Jegorowitsch Uwarow mir während meines Krankenlagers geschenkt hat, wofür ich nicht imstande bin, dem Gefühl der tiefsten Dankbarkeit Ausdruck zu verleihen, glaube ich, er hat mir mit diesem Geschenk das Angenehmste erwiesen, was es für mich auf dieser Welt geben konnte. Ich bete zu Gott, daß er Fjodor Jegorowitsch hundertfach das vergelten möge, was ich empfunden, was ich von ihm erhalten habe. Ich bitte die Herren Geistlichen unserer Kirche, Herrn Jelarow, Herrn Campion und Michail Dormidonowitsch Bykowskij, daß sie einen geeigneten Weg finden, um das Bild neben dem Altar der Gottesmutter in unserer Kirche unterzubringen. Es soll auf einen vierkantigen Marmorsockel gestellt werden, auf dem die Worte geschrieben sind, die die Gottesmutter in Kana in Galiläa an alle gerichtet hat: Quodcunque vobis dixerit, facite (Tut alles, was Er sagen wird, Joh. 11,4)... Man sollte keine Ausgaben scheuen, um dies möglichst gut auszuführen. Mein guter Freund Andrej Iwanowitsch wird das für dieses Vorhaben nötige Geld schon auftreiben.

Zwei Dinge beschäftigen mich noch: Erstens: Mein Vorschlag von Krankenhaus-Bediensteten für eine Auszeichnung. An meinen Freund Alexander Iwanowitsch Ower richte ich die ergebene Bitte, er möge Iwan Wassiljewitsch Kapnist ersuchen, diese Angelegenheit selber in die Hand zu nehmen...

Ferner vertraue ich ganz auf meinen guten Andrej Iwanowitsch, daß er einen Weg findet, alle diejenigen zu belohnen, die sich so sehr um mich bemüht haben. Gerne hätte ich, daß die kleinen Bücher ›Problèmes de Socrate‹ zur Erinnerung an meine Freundschaft mit Nikolaj Nikolajewitsch Buturlin gedruckt würden, dem Sohne meines großen Wohltäters, des Generals Buturlin. Ich fühle, daß die ›Betrachtungen‹ über das System des Sokrates vielen nützlich sein könnten. Doch bitte ich die Herren Pako, Tschedajew und Zurikow ergebenst, sich an diesem Werk christlich zu beteiligen und sich zu bemühen, diese ›Betrachtungen‹ so zu Ende zu führen, wie es sich gehört.

Herrn Jelarow habe ich gebeten, mich auf Kosten der Kirche zu begraben, mit einem Zweispänner und ohne allen Schmuck.

Moskau, den 21. Juni 1853.

Am 16. August schlief Fjodor Petrowitsch um die Mittagszeit ein und wachte nicht wieder auf.

Als der Sarg hinausgetragen wurde, hatten sich Tausende von Menschen im Krankenhaushof, in den angrenzenden Gassen und weiter in der breiten Gartenstraße eingefunden. Die Menge verhielt sich ruhig, es gab kein Stoßen und Schieben. Das einfache Volk überwog – schäbige Filzmützen, abgetragene Soldatenmützen, verschiedenfarbige Kopftücher, Russenhemden, abgenutzte Kaftane, Leinen- und Lederschürzen, ausgetretene Schuhe, geflickte Stiefel und Bastschuhe. Doch es waren auch andere Stände zugegen: man sah Zylinder, breitkrempige Hüte, Uniformmützen von Beamten und Offizieren, Gehröcke in verschiedenen Farben, elegante Kleider von Adelsdamen und Kaufmannsfrauen.

Der Generalgouverneur hatte dem Polizeichef Zinskij befohlen, für alle Fälle eine Kosakenabteilung und Gendarmerie zu Pferde in Bereitschaft zu halten.

Der Katafalk, von zwei Pferden gezogen – wie es der Verstorbene in seinem Testament verfügt hatte –, bewegte sich langsam und bedächtig durch die dichte Menschenmenge. Viele Frauen weinten, einige klagten laut: »Wem hinterläßt du uns, du unser Wohltäter...« Die Männer nahmen die Mützen ab, alle bekreuzigten sich.

In der nahen Kirche läutete traurig die Sterbeglocke. Schon seit zwei Tagen wurden in einigen Kirchen Totenmessen gelesen; das hatte der Metropolit angeordnet.

Polizeioberst Zinskij, hoch zu Roß, nahm den Helm ab. Er sah Hunderte und Tausende die Trottoirs verlassen und sich dem Leichenzug anschließen.

Voran gingen in schwarz-weißem Ornat die katholischen Priester. Hinter ihnen, in der sich allmählich zu einer Prozession formierenden Menge, sah man die dunklen Röcke der orthodoxen Geistlichen und Mönche.

Der Kosakenwachtmeister ritt an den Polizeichef heran und flüsterte:

»Hochwohlgeboren, meine Leute haben gezählt: das hier sind mindestens fünfzehntausend Menschen, wenn nicht noch mehr. Aber sie verhalten sich ruhig, keinerlei Ungehörigkeit zu bemerken.«

Der Polizeioberst befahl den Kosaken und Gendarmen, in die Kasernen zurückzukehren. Er selber stieg vom Pferd und schritt zu Fuß im Trauerzug mit, den Säbel eng an sich gedrückt, damit er auf dem Straßenpflaster nicht klirrte. Sein Pferd ließ er in einiger Entfernung am Zügel hinterher führen.

Die Moskauer und Petersburger Presse, aber auch manche Gouvernementszeitungen meldeten den Tod von Fjodor Petrowitsch Haass, dem großen Arzt und Menschenfreund, dem Tröster der Unglücklichen. Sie beschrieben auch seine Beerdigung.

Am 12. September trat eine außerordentliche Sitzung des Gefängnis-Fürsorgekomitees zusammen. Es war die erste Sitzung ohne Haass. Der Vizepräsident der Gesellschaft, der Moskauer Zivilgouverneur Iwan Wassiljewitsch Kapnist, hielt eine Ansprache:

Verehrte Herren!

Als ich Sie zur heutigen Sitzung unserer Gesellschaft einlud, leitete mich die Forderung meines Herzens, jenen aufrichtigen Schmerz zum Ausdruck zu bringen, den Sie zweifellos alle mit mir teilen. Der Tod hat aus unserer Mitte eines unserer würdigsten Mitglieder gerissen – Fjodor Petrowitsch Haass!... Fast ein halbes Jahrhundert lebte er in Moskau. Den größten Teil dieser Periode seines Lebens widmete er ausschließlich dem Ziel, Häftlingen ihr Schicksal zu erleichtern. Wer von uns, meine sehr verehrten Herren, war nicht Zeuge jenes aufopferungsvollen, wahrhaft christlichen Bemühens, in dem er Leidenden zu Hilfe eilte. Treu seinem Ziel und seiner Berufung, folgte er unbeirrbar dem Weg, den ihm sein gütiges Herz gewiesen hat. Niemals vermochten, wie auch immer geartete, Hindernisse seinen Eifer erkalten zu lassen. Im Gegenteil: Hindernisse weckten in ihm nur neue Kräfte. Seine Überzeugungen und seine Anstrengungen erreichten oft den Grad des Fanatismus, wenn es gestattet ist, seine edle Begeisterung so zu nennen. Es war ein Fanatismus für das Gute, Fanatismus des Mitleidens mit den Leidenden, Fanatismus im Wohltun, dieser segensreichen Herzensregung, welche die Menschennatur veredelt...

Der Sekretär der Gesellschaft fügte hinzu, daß Fjodor Petrowitsch während des vierundzwanzigjährigen Bestehens der Gesellschaft nur einer einzigen Sitzung ferngeblieben sei, und dies erst, als er schon sehr schwer krank war. Einige alte Komiteemitglieder sprachen davon, daß sie nun, nach seinem Hinscheiden, begonnen hätten zu begreifen, was für sie, für ganz Moskau dieser ungewöhnliche Mensch bedeutet hatte, mit dem sie sich so viel herumgestritten hatten, böse und spottlustig.

Sie kamen auf Haass' »Einfälle« zu sprechen. Der Sekretär zählte auf, daß Haass vierundsiebzig Bauernfrauen und Kinder freigekauft hatte, damit sie ihre vom Gutsherrn verschickten Familienväter begleiten konnten. Das Kaufgeld schickte er zuweilen im Namen einer »wohltätigen Person, die nicht genannt zu werden wünsche«. Natürlich war er selber die »Person«. Später allerdings fand er auch reiche Freunde, die ihm halfen. Seit 1840 gab ihm Fjodor Wassiljewitsch Samarin jährlich 200 Rubel zum Freikauf der Kinder von verschickten Leibeigenen. Bittgespräche mit Gutsbesitzern führte Fjodor Petrowitsch so, daß es ihm oft gelang, auch die borniertesten und herzlosesten Seelenbesitzer zu erweichen.

Die Komiteemitglieder erinnerten daran, wie er um die neuen Ketten gekämpft hatte, wie er sie zunächst auf eigene Rechnung herstellen ließ und dann hartnäckig darauf bestand, daß überall die längeren und leichteren Ketten angefertigt wurden. Häftlinge und Gefängnispersonal nannten sie »Haass-Ketten«.

Stepan Schewyrjow, einer der ersten Moskauer »Liebhaber der Weisheit«, ein Slawophiler, der Fjodor Petrowitsch gekannt und geliebt hatte, veröffentlichte in der Zeitschrift ›Der Moskauer‹ ein Gedicht ›Am Grabe von Fjodor Petrowitsch Haass‹, dessen letzte Zeilen lauten:

Selig ist er, der bis zum Grab
die Kraft der Worte des Heilands bewahrte,
der sein Herz der Lehre
des Heilands öffnete,
dessen Leben vom Mitleid
für die Sünder erfüllt war.

Noch über seinen Tod hinaus sprach Haass zu jenen, denen ehedem seine ganze Sorge gegolten hatte. Seine Testamentsvollstrecker gaben den Häftlingen und allen, die es wünschten, sein ›ABC der christlichen Sittsamkeit‹. Dieses kleine Buch bestand aus Evangeliumszitaten mit Erläuterungen und Ratschlägen.

Zu Beginn ermahnt es den Leser, Grobheiten und häßliche Schimpfreden zu unterlassen, es zählt »unstatthafte Ausdrücke« auf, die beim einfachen Volk gebräuchlich sind:

Dämlack, Hohlkopf, Gewissenloser, Halunke, Miststück, Verfluchter, Teufel, Satansbraten, Höllenhund, verdammte Kanaille, Bestie, Dieb, Räuber, Zuchthäusler, Spitzbube, Schurke, Hundesohn, Nichtswürdiger, Dreckskerl, Blutsauger, Hexenmeister, Schweinigel, Rindvieh, Sau, Esel, Faultier ...

Unerschütterliche, stille Beharrlichkeit drückt sich in seinen eindringlichen Ermahnungen aus:

Die Urteile über unsere Nächsten sind zum großen Teile falsch, denn wir kennen die innere Verfassung der anderen nicht, und darum urteilen wir meistens voreingenommen und können die Wahrheit nicht erkennen...

Die Lüge entspricht der menschlichen Natur nicht, gleichgültig, zu welcher Gesellschaftsschicht der Mensch auch gehören möge. Sie ist Eigenschaft und Ausgeburt des Teufels. Gewöhne dich daran, nie zu lügen...

Sein ›Appell an die Frauen‹, den zu veröffentlichen er ebenfalls in seinem Testament gebeten hatte, wurde von einem seiner Anhänger aus dem Französischen ins Russische übersetzt, doch erst viele Jahre später herausgegeben. In diesem kleinen Büchlein ertönt auf jeder Seite seine Stimme: die Diktion des Arztes und Lehrers, der naiv, demütig, doch unbeugsam überzeugt ist von der Notwendigkeit gerade dieser Anweisungen:

Die Berufung der Frau liegt nicht nur darin, an der Erhaltung der gesellschaftlichen Ordnung tätig mitzuwirken, sondern auch an deren Umgestaltung, wenn eine solche Umgestaltung sich als unabdingbar notwendig erweist. Alle Worte und Taten der Frau müssen aus christlichem Geist entspringen, der von Güte, Friedfertigkeit, Sorge um das Seelenheil, Nachsicht, Gerechtigkeit, Wahrheit, Duldsamkeit und Milde durchdrungen ist...

... Ihr seid dazu berufen, an der Wiedergeburt der Gesellschaft mitzuwirken ... Scheut dabei vor materiellen Opfern nicht zurück; zögert nicht, auf Luxus und Überfluß zu verzichten. Wenn ihr keine eigenen Mittel habt zum Helfen, dann bittet bescheiden, aber beharrlich jene, die über solche Mittel verfügen. Laßt euch nicht verwirren durch die hohlen Konventionen und eitlen Regeln des mondänen Lebens.

Allein das Wohl eures Nächsten soll euer Tun lenken. Fürchtet nicht Demütigung, schreckt vor Absagen nicht zurück. Beeilt euch, Gutes zu tun! Lernt zu verzeihen, stiftet Frieden und Versöhnung, besiegt das Böse durch das Gute. Scheut euch nicht vor der kleinsten Hilfeleistung, die ihr im einen oder anderen Falle erweisen könnt. Und wenn es nur die Darreichung eines Glases Wasser ist, ein herzlicher Gruß, ein Wort des Trostes, der Anteilnahme, des Mitleidens – auch das ist gut ... Versucht, den Gefallenen aufzuheben, den Zornigen zu besänftigen, verdorbene Sittsamkeit wiederherzustellen.

Die Jahre gingen dahin. Es schien, als habe man Haass längst vergessen. Doch in dem Krankenhaus, das im Volksmund nach wie vor »Hassowskaja« hieß, trug ein Bett seinen Namen, und in der Eingangshalle stand seine Büste. Sie war nach dem einzigen damals existierenden Porträt von Haass geschaffen worden. Wie oft man auch versucht hatte, ihn zu überreden, nie hatte er sich bereit erklärt, einem Maler als Modell für ein Bild zu sitzen. Einzig dem Fürsten Schtscherbatow war es gelungen, ihn zu überlisten. Er beorderte Haass mehrmals zu einem Sonderrapport über Krankenhaus- und Gefängnisangelegenheiten, hörte ihm aufmerksam zu, stellte Zwischenfragen. Währenddessen saß, hinter einer spanischen Wand verborgen, ein Maler, der mehrere Skizzen machte und danach ein Porträt malte.

In den Zeitschriften ›Der russische Veteran‹ und ›Russisches Altertum‹ erschienen während der sechziger, siebziger und achtziger Jahre Lebenserinnerungen alter Moskauer. Sie alle gedachten in Liebe des Arztes und Wohltäters.

Der Präsident des Petersburger Gefängnis-Fürsorgekomitees Lebedew, der in Moskau und in einigen anderen Gouvernements die Gefängnisse visitiert hatte, begann, die Lebensgeschichte des Doktor Haass zu erforschen und schrieb eine ausführliche Monographie mit dem Titel ›Fjodor Petrowitsch Haass‹. Lebedew kam zu dem Schluß:

Haass gelang es, während seiner vierundzwanzigjährigen Tätigkeit eine Wende in unserem Gefängniswesen herbeizuführen. Er fand unsere Moskauer Gefängnisse vor als Lasterhöhlen, als Stätten unwürdigster menschlicher Erniedrigung. Haass hat nicht nur die ersten Samenkörner in diesen Boden gesät, sondern es gelang ihm auch, einige seiner Unternehmungen zu Ende zu führen. Und er tat dies allein ohne andere Macht als die Kraft der Überzeugung, die stärker war als alle mit Macht ausgestatteten Komitees und Personen.

Das Andenken an Haass lebte in seinem Krankenhaus, in den Gefängnissen, in den sibirischen Städten und Ansiedlungsorten für Deportierte, in den Familienüberlieferungen jener, deren Väter und Großväter Zuchthäusler oder Deportierte gewesen waren.

Es lebte auch in der russischen Literatur.

Die erste umfangreiche Arbeit über Fjodor Petrowitsch Haass gab Anatolij Fjodorowitsch Koni 1897 heraus. Er war ein gelehrter Jurist und Schriftsteller, Mitglied der Akademie der Wissenschaften. Zu seinen Freunden zählten Lew Tolstoj, Iwan Turgenjew, Fjodor Dostojewskij, Nikolaj Nekrassow, Wladimir Korolenko, Maxim Gorkij.

1891 hielt er die erste öffentliche Vorlesung über Haass, in den darauf folgenden Jahren publizierte er einige Aufsätze über ihn in Zeitschriften, Zeitungen und Nachschlagewerken.

Im November 1899 lud Maxim Gorkij Professor Koni nach Nishnij-Nowgorod zu Vorlesungen ein und schrieb dazu:

... Über Haass muß unbedingt überall gesprochen werden, alle müssen von ihm erfahren, denn er ist ein Heiliger, heiliger noch als Feodossij von Tschernigow. Also sprechen Sie über Haass, stellen Sie ihn uns lebendig, in Fleisch und Blute vor.

Einige Jahre später schrieb Gorkij über die *Kraft des Mitleidens, die solche Charaktere hervorbrachte wie den berühmten Doktor Haass, der in der finsteren Epoche des Zaren Nikolaj I. lebte.*

Tschechow, der 1890 die Verbannteninsel Sachalin besucht und einen aufrüttelnden Bericht über diese Reise geschrieben hatte, erwähnte 1898 in einem Brief »Doktor Haass« und »sein wunderbares Leben«, das »vollkommen glücklich geendet« habe.

Zwischen 1897 und 1914 wurde das Buch von Anatolij Koni fünfmal verlegt, sowohl als reich illustrierter Geschenkband als auch in billigen Volksausgaben. Während dieser Zeitspanne erschienen in Rußland noch etwa dreißig Bücher und Broschüren über Haass, darunter Kinderbücher, Kurzfassungen für ungebildete Leser, und eine Menge von Artikeln und Essays über den »Freund der Unglücklichen«, »den heiligen Doktor«, den »Beschützer der Leidenden und Erniedrigten« und so weiter.

1909 wurde im Hof des Krankenhauses, das er geschaffen und zehn Jahre lang geleitet hatte, das aber seit 1896 den Namen Alexanders III. trug, eine Büste von Haass aufgestellt. Der Bildhauer Andrejew hatte sie nach Zeichnungen des Malers Ostrouchow geschaffen. Der damalige Chefarzt Wsewolod Sergejewitsch Putschkow verfaßte zwei Arbeiten über Haass.

In den Jahren 1910 und 1911 wurden am Haass-Denkmal Volksfeste veranstaltet, auf denen die Zöglinge aller Moskauer Waisenhäuser und die Gefängnischöre sangen. In diesen Tagen waren die Wagen der Pferdebahnen mit Bildern des heiligen Doktors geschmückt. Eine Gruppe älterer Waisenhauszöglinge verlas auf dem Fest von 1911 eine Dankbotschaft an Anatolij Koni:

Ihnen gilt heut unser Gruß!
Sie haben als erster des Mannes gedacht,
der in tätiger Liebe Gutes bewirkt',
der Böses und Lüge bekämpft'.

Wir erfuhren von Ihnen, wie groß er war
dank seiner glühenden Liebe.
Wieviel er litt, und was er vermocht
trotz aller brutalen Gegner.

Keine Geschichte so leuchtend und schön
wie des heiligen Doktors Haass'.
Und dem, der diese Geschichte erzählt',
senden wir unseren Gruß.

Es kam der Erste Weltkrieg. Ihm folgten Revolution und Bürgerkrieg. Und nach einigen friedlichen Jahren begann die fieberhafte Industrialisierung und die Vernichtung des Dorfes. Hunderttausende naiver Enthusiasten glaubten daran, daß sie den Sozialismus aufbauten. Dagegen zählten die Leiden und Unterdrückung von Millionen nicht, von vielen Millionen, die dazu verurteilt waren, »Schräubchen« in dem gewaltigen, unvorstellbaren Mechanismus der neuen, beispiellosen Zivilisation zu sein oder »Späne«, die fliegen, wo gehobelt wird. Auch Hunger, Vernichtung, Massenterror zählten nicht. Ebensowenig die Millionen von Gefangenen – rechtlosen Sklaven – in Zehntausenden von Gefängnissen und Lagern. Riesige Gebiete, größer als irgendein europäisches Land, wurden in Zuchthauskomplexe und Verbannungsgebiete verwandelt.

In diesem Chaos von Gewalt und Resignation, von Heldentaten und Missetaten, fruchtbarer Arbeit und barbarischer Zerstörung, diesem Chaos der Hoffnungen und Zweifel, des Glaubens und der Verzweiflung hätte die Erinnerung an einen einzelnen guten Menschen wohl verlöschen können – die Erinnerung an den Don Quixote im schäbigen Frack.

In einem Staat, der als ideologische Macht entstand, gegründet auf dem staatsideologischen Prinzip des Klassenkampfes, der revolutionären Gewalt, des militanten Atheismus, der schonungslosen Ausmerzung aller Gegner, aller Andersdenkenden, konnte es wohl kaum Platz für die Erinnerung an einen »outrierten Philanthropen« und »Fanatiker des Guten« geben, der das Knie vor Zaren und Gouverneuren beugte, der fromm und bescheiden war und an die Heilsbotschaft des Evangeliums glaubte.

Doch entgegen aller Logik der neuen Sozialgeschichte ist die Erinnerung an Doktor Fjodor Petrowitsch Haass nicht erloschen. Und in den fünfziger und sechziger Jahren unseres Jahrhunderts, als die ideologische Zensur nachließ, wurde Haass in Rußland immer häufiger erwähnt. Es erschienen Aufsätze, Buchkapitel, Zeitungsnotizen von Schriftstellern und Wissenschaftlern verschiedener Generationen. Über Haass schrieben Sergej Lwow, Germanist und Literat, Georgij Fjodorow, Historiker und Archäologe, Felix Swetow, Kritiker und christlicher Dissident, Arsenij Gulyga, Philosoph, Bulat Okudshawa, Lyriker und Romancier. Seine Chansons und seine Romane sind in Deutschland und vielen anderen Ländern bekannt. Daß die Erinnerungen an Dr. Haass immer wieder aufleben, ist natürlich, ist lebensnotwendig. Das hat der Moskauer Arzt A. Rajewskij wahrscheinlich am besten ausgedrückt. In der Studentenzeitung des Moskauer Medizinischen Instituts schrieb er im September 1978:

Seine Devise lautete: »Beeilt euch, Gutes zu tun.« Diese Worte blieben bis heute lebendig. Beeilt euch, denn das Menschenleben ist kurz. Beeilt euch, denn rings um euch leiden viele an Krankheit, Unterdrückung, Ungerechtigkeit und Demütigung. Beeilt euch, denn wenn ihr euch nicht beeilt, gewinnt das Böse Macht über euch, und damit ergreifen Verzweiflung, Angst und Haß, die wiederum Böses erzeugen, von der Seele des Menschen Besitz.

Gutes gebiert Gutes. Auch das Andenken an den, der Gutes getan hat.

Besucht das Grab von Fjodor Petrowitsch Haass. Das ganze Jahr hindurch werdet ihr dort frische Blumen finden. Keine großartigen Kränze, aber rührende Asternsträußchen, Phlox und Georginen. Sie stehen nicht in Vasen, sondern in Weckgläsern, Konservendosen oder Milchflaschen. So bringt man auch Blumen zum Grabe Schukschins[58], zum Gedächtnis Puschkins. Dies kommt von Herzen. Es ist das Gedächtnis des Volkes.

Moskau-Komarowo-Shukowka
Köln-Bad Münstereifel 1976–1982

Nachwort

Von dem guten Doktor Fjodor Petrowitsch Haass hörte ich zum ersten Mal, als ich neun oder zehn Jahre alt war. Unsere Lehrerin Lidija Lasarewna, die von all ihren Schülern sehr geliebt wurde, erzählte uns von dem deutschen Arzt in Moskau, der sein Tun und Können, sein Hab und Gut, sein ganzes Leben den Ärmsten der Armen – den Häftlingen, den Kranken, den Bettlern und Leibeigenen – gewidmet hatte. Sie las darüber aus einem Bilderbuch vor, ihr kamen die Tränen, und wir weinten mit ihr. Es waren angenehme, süße Tränen des Mitleids und der Bewunderung.

Damals wollte ich Friedrich Haass' Aufforderung: »Beeilt euch, Gutes zu tun!« zu meiner Devise wählen.

Doch in den darauf folgenden Jahren wurde ich Jungpionier, dann Komsomolze (Jungkommunist). Ich begeisterte mich für andere Ideale, für die Parolen der proletarischen Weltrevolution und des sozialistischen Aufbaus. Deswegen glaubte ich, verweichlichende Güte und besänftigende Barmherzigkeit könnten dabei bloß hinderlich sein; allein revolutionäre Gewalt, rücksichtsloser Mut und zielbewußte Willenskraft könnten die Welt besser machen und alle Menschen von Armut, Ungerechtigkeit und Unterdrückung befreien.

Und wenn hin und wieder unversehens Erinnerungen an Lidija Lasarewna und auch an Doktor Haass in mir auftauchten und mir dabei so richtig warm ums Herz wurde, meinte ich, dies seien nur Anfälle einer noch nicht überwundenen kleinbürgerlich-intelligenzlerischen Schwäche, die von meiner ideologischen Unvollkommenheit zeugten.

Als ich Strafgefangener wurde, habe ich meinen Zellenkameraden manchmal von Haass erzählt, um zu beweisen, daß zwischen Russen und Deutschen schon immer gute menschliche Beziehungen möglich waren, oder um denen zu widersprechen, die behaupteten, unter den Zaren seien die Gefängnisse besser gewesen.

Meine eigenen Häftlingserfahrungen ließen mich die unvergleichliche Eigenart der großen Seele des Fjodor Petrowitsch Haass besser erkennen. Wie so viele meiner Schicksalsgenossen habe ich erst selbst hinter Schloß und Riegel sitzen, den Himmel schwarzkariert sehen und aus dem Blechnapf essen müssen, um zu fühlen und zu begreifen, was es bedeutet, gefangen zu sein.

Fjodor Petrowitsch Haass dagegen hatte Häftlinge und Haftanstalten nur von außen beobachtet und kennengelernt; dennoch vermochte er, mit Unglücklichen zu fühlen, mit Erniedrigten zu leiden.

Dichtern und Schriftstellern gelingt es manchmal, sich so in die von ihnen geschaffenen Gestalten oder künstlerisch erforschten historischen Personen hineinzuversetzen, daß sie die Welt mit deren Augen sehen, ihre Zweifel und Hoffnungen, Leiden und Freuden wie die eigenen empfinden und dies in Worten und plastischen Sprachbildern verdichten.

Haass war kein Dichter, er brauchte nicht zu phantasieren, zu ersinnen. Er war ein Mensch, der selbstlos und furchtlos das verwirklichte, was ihm inneres Bedürfnis war und was die Apostel forderten: »Übet jemand Barmherzigkeit, so tue er's mit Lust.« (Röm 12,8) »Seid allesamt ... mitleidig, brüderlich, barmherzig, freundlich.« (1. Petr 3,8).

Die Moskauer Schriftstellerin und Journalistin Frida Wigdorowa (1915–1965) schrieb für die ›Iswestija‹, die ›Literaturnaja gaseta‹ und andere Zeitungen und Zeitschriften. Sie war Mitglied des Schriftstellerverbandes und eine Zeitlang, von 1961 bis 1962, auch Mitglied eines Moskauer Rayon-Sowjets. Dabei nutzte sie alle verfügbaren Möglichkeiten, um sich beharrlich für Verfolgte, Verhaftete, ungerecht Verurteilte und Notleidende einzusetzen. Nicht immer gelang es ihr, alles, was sie wollte, in die Presse zu bringen; dann aber ging sie, legitimiert durch ihre Mitgliedsbücher und Ausweise, von einer Instanz zur anderen, sprach in Betriebs- und Gewerkschaftsversammlungen, fuhr in Straflager, besuchte Gerichtsverhandlungen, Krankenhäuser, Wohnbaracken ...

Im Februar 1964 kam sie nach Leningrad zu einer Gerichtsverhandlung, die den jungen Lyriker Iossif Brodskij im Auftrag des KGB als »Parasiten der Gesellschaft« verurteilen sollte. Trotz wiederholter Verbote stenographierte sie die Verhandlung mit. Brodskij wurde zu fünf Jahren Verbannung verurteilt.

Das KGB hatte mit Recht in der kleinen, stillen Frau mit den aufmerksamen, Güte und Herzlichkeit ausstrahlenden dunklen Augen eine Gefahr für sich gewittert: Frida Wigdorowas Prozeßbericht wurde zur ersten bedeutsamen Publikation eines neuartigen, moralisch-politischen Samisdat; bisher waren im Samisdat (Selbstverlag) hauptsächlich Gedichte, Erzählungen und Romane durch Schreibmaschinenkopien verbreitet worden.

Dieser Prozeßbericht gelangte ins Ausland und machte Brodskij international bekannt, noch ehe auch nur ein einziges seiner Gedichte und Poeme übersetzt und veröffentlicht war. Viele Menschen in Rußland waren tief beeindruckt und erschüttert von diesem Bericht, unterschrieben Gesuche, forderten die Freilassung des gesetz- und sinnlos verurteilten Lyrikers. Brodskij wurde im Herbst 1965 freigelassen.

Durch diesen Erfolg trat eigentlich zum ersten Mal die »Menschenrechtsbewegung« in Erscheinung, die sich in den darauf folgenden Jahren in Rußland entwickelte und seitdem trotz aller Mißerfolge, trotz Ausbürgerungen, Verhaftungen, immer härter werdender Strafen, trotz innerer Krisen und Widersprüche weiterlebt.

Frida Wigdorowa starb mit fünfzig Jahren im August 1965. Wir gaben ihr das letzte Geleit zum Wwedenskij-Friedhof, der in Moskau im Volksmund immer noch der »deutsche Friedhof« genannt wird. Als wir ihr frisches Grab verließen, sah ich am Anfang des Seitenweges, der von der Hauptallee zu ihrem Grab führt, ein dunkelgraues Steinkreuz auf einem Granitblock hinter einem schwarzen Eisengitter, das mit Ketten behängt war – das Grab von Friedrich Joseph Haass. Das erschien mir wie ein Symbol.

Heute weiß ich nicht mehr, ob ich jemals mit Frida Wigdorowa über Doktor Haass gesprochen habe, weiß auch nicht, ob in ihrem Nachlaß – Schriften, Tagebüchern, Briefen – sein Name erwähnt wird; doch seit jenem Tage waren es die Erinnerungen an sie, an ihr Leben, ihre Worte und Taten, die mich jedesmal auch an Haass erinnerten.

Mehr als zehn Jahre vergingen, bevor ich begann, dieses Buch zu schreiben. Pfarrer Sergej Sheludkow, einer jener Menschen, die das Christentum nicht nur predigen, sondern auch vorleben, sagte damals zu mir: »Fridas Seele hat Sie wieder zu Haass geführt.«

Aber es gab auch andere Anstöße:

Im Dezember 1975 mußte ich mich einer schweren Operation unterziehen, lag dann lange auf der Intensivstation, und es vergingen Tage, bis die Nachricht kam, daß alles »gutartig« sei. Tagelang mußte ich fast unbeweglich liegen. Man brachte mir daher nur kleine, dünne Bücher und Zeitschriften zum Lesen – größere konnte ich noch nicht halten. Darunter befand sich ein altes Büchlein: die Vorlesung von Anatolij Koni über den heiligen Doktor Fjodor Petrowitsch Haass aus dem Jahre 1896. Ich las es nach und nach und verspürte beim Lesen immer deutlicher seine wohltuende, erfrischende Ausstrahlung. Die guten Gedanken und Gefühle der Kindheit tauchten aus scheinbar verschütteter Tiefe wieder ins Bewußtsein empor, und ich erkannte, daß die viele Jahre lang verdrängten Vorstellungen und Empfindungen, die man als »sentimentale Illusionen« hatte verachten sollen, viel wahrer, wirklicher sind als manche hochgesteigerten Ideale und alle vergötterten Idole, denen ich so lange angehangen hatte.

Als Fritz Pleitgen, damals Korrespondent des Deutschen Fernsehens (ARD) in Moskau, im Februar 1976 ein Interview mit mir machen wollte, beschlossen wir, über Doktor Haass zu sprechen. Wir gingen zum Friedhof und staunten: Vor dem Grabstein lagen frische Blumen im Schnee.

Auch in den folgenden Jahren war es nicht anders. Jedesmal, wenn ich dorthin kam, lagen auf dem Grab von Doktor Haass Blumen – frische und auch künstliche aus Papier oder Stoff, wie sie in Rußland einfache Menschen den Toten bringen.

Noch einige Male sprach ich im deutschen Fernsehen von Moskau aus über Haass und schlug wiederholt vor, eine internationale Haass-Stiftung ins Leben zu rufen, um kranken Häftlingen und Gefangenen zu helfen und um Ärzte und Pflegepersonal, die kranke Häftlinge mit besonderer Hingabe betreuen, mit einer Haass-Medaille auszeichnen.

Diese Idee ist bisher ein Wunschtraum geblieben. Doch wenn ich heute in verschiedenen Orten der Bundesrepublik Frauen und Männer treffe, die unermüdlich und beharrlich in den Gruppen von Amnesty International mitarbeiten, Geld, Lebensmittel und Medikamente für Verhaftete und Verbannte in der Sowjetunion, Südafrika, in Polen, der Tschechoslowakei, Marokko, Chile und anderswo sammeln, freundliche

Briefe an sie und ihre Familien schreiben, erkenne ich hier den unsterblichen Geist des heiligen Doktors von Moskau.

Über Haass sprach ich mehrmals auch mit Andrej Sacharow, der das Buch von Koni von Kindheit an kennt.

Im Sommer 1982 durchsuchten Beamte der Staatssicherheit (KGB) einige Wohnungen in Moskau. Sie fahndeten nach einer »illegalen Gesellschaft Fjodor Petrowitsch Haass«, die Menschen unterschiedlichen Alters und verschiedener sozialer Schichten gegründet hatten, um Häftlingen und Verbannten zu helfen.

Heute ist mir klar, daß ich Haass im Grunde nie vergessen habe, daß meine ideologische Entfernung von ihm nur zeitweilig und kurzatmig war. Denn selbst in jenen Jahren, als ich glaubte, ein waschechter Marxist-Leninist zu sein, blieben mir – wie auch den meisten meiner Freunde und Kameraden – die Werke von Puschkin, Gogol, Nekrassow, Tolstoj, Dostojewskij, Tschechow, Korolenko und anderen immer lebensnotwendig und geradezu heilig. In diesen Werken aber walten Mitleid, Verständnis, Nachsicht und Achtung für arme und »kleine« Leute, für Erniedrigte und Verfolgte, auch wenn sie Verbrecher waren.

Der deutsche Moskauer Friedrich-Fjodor Haass war diesen Dichtern und Schriftstellern wahlverwandt. Sein Denken und Tun, seine Weltauffassung und -empfindung, sein täglicher Umgang mit der russischen Wirklichkeit, ja sein ganzes Wesen waren von jenem Geist durchdrungen, der in russischer Poesie und Epik ausgedrückt und verdichtet wird. Eben dieser Geist war es, der Thomas Mann von der »heiligen russischen Literatur« sprechen ließ.

Die russische Seele des deutschen Arztes Haass hatten bereits manche seiner russischen Zeitgenossen erkannt – »Westler« und Slawophile, Konservative und Liberale, der asketische Metropolit und verwegene Zuchthäusler...

Ein junger Moskauer, dem ich von Haass erzählt hatte, meinte: »Dieser herzensgute Sonderling könnte ja von Tolstoj oder Dostojewskij erfunden sein. Ich kann ihn mir sehr gut unter den Gestalten ihrer Romane vorstellen.«

Die Niederschrift dieses Buches, die ich in Moskau begonnen hatte, beendete ich in Bad Münstereifel, jener Stadt, in der Haass geboren wurde und wo er seine Kindheit und frühe Jugend verlebte.

Die erste Einladung zu einem Besuch in der Bundesrepublik erhielt ich 1963 von Heinrich Böll. Er wiederholte die Einladung immer wieder, Jahr für Jahr. Auch von anderen deutschen Freunden kamen Einladungen: von der Gruppe 47, vom PEN-Club, von einigen Universitäten, von der Deutschen Akademie für Sprache und Dichtung. Im Herbst 1980 wurde diese Besuchsreise endlich genehmigt. Meine Frau und ich fuhren als Gast von Heinrich Böll und Marion Gräfin Dönhoff. Aber die zeitlich letzte Einladung kam, noch bevor wir die Auslandspässe erhielten, von Armin Ahrendt, dem Stadtdirektor von Bad Münstereifel. Er lud mich ein zur Feier des zweihundertsten Geburtstages von Friedrich Joseph Haass im August 1980.

Ich kam aus Moskau, aus der Wahlheimat von Haass, wo er lange lebte und starb, in das Land seiner Geburt, wo er gelernt und studiert hatte. Ich besuchte die fast neunhundert Jahre alte Kirche, in der Haass getauft worden war und die Erstkommunion empfangen hatte, sah den großen barocken Taufstein. Ich ging durch die Straßen, durch die er Tag für Tag gegangen war, sah die Berge und Hügel der Umgebung, die Stadtmauern, die Türme, die alten Fachwerkhäuser, die auch er einst gesehen hatte, kam am Gymnasium vorbei, das er besucht hatte, hörte zu, wie Menschen in der Mundart sprachen, die auch ihm vertraut gewesen war.

Das Buch über Fjodor Petrowitsch Haass, an dem ich sechs Jahre lang arbeitete, entstand aus einer Notwendigkeit, deren Sinn mir erst im Laufe meiner Untersuchungen und mehr noch während des Schreibens allmählich bewußt wurde.

Dieses Buch erhebt weder künstlerische noch didaktische noch wissenschaftliche Ansprüche. Ich berichte nur die Wahrheit. Ich möchte, daß sie Menschen in Deutschland und Rußland erreicht und auch diejenigen anspricht, die sonst nur fernsehen, Sportberichte oder Unterhaltungsmagazine lesen. Möglichst viele Deutsche und Russen sollten von Friedrich Joseph – Fjodor Petrowitsch – Haass erfahren, davon, wie er lebte, was er tat und was er lehrte. Dann werden sie erkennen, wie gegenwärtig er ist, wie äußerst wichtig gerade heute sein Beispiel für alle Erdenbewohner sein müßte.

Er war ein Deutscher, der im Herzen Rußlands lebte, ein überzeugter Katholik inmitten überzeugter Russisch-Orthodoxer, in den ersten Jahren ein wohlhabender Beamter, zeitlebens ein anerkannter und hochangesehener Gelehrter, doch er wirkte unter den Allerärmsten, Verachteten, Analphabeten, Rechtlosen... Ihnen allen war er ein liebender *Bruder* im wahrsten Sinne dieses Wortes. Brüderliche Nächstenliebe, selbstlose Hilfsbereitschaft, aufrichtige Toleranz hat er nicht nur gelehrt – übrigens nie gepredigt –, sondern *vorgelebt* bis zu seinem letzten Atemzug.

Seinem Beispiel zu folgen, ihn wirklich nachzuahmen, ist gewiß nur einzelnen außerordentlichen Menschen vergönnt. Aber jeder kann seinen Geist erkennen und sich von diesem Geist zu guten Taten, zu einer allen erreichbaren Menschlichkeit führen lassen.

Beeilt euch, Gutes zu tun!

Lew Kopelew

Dank

Beim Entstehen dieses Buches halfen mir viele Menschen. Manche von ihnen hatten bereits früher Bücher, Artikel oder Berichte über Friedrich Joseph Haass geschrieben, andere verschafften mir neue Materialien über ihn, wieder andere erleichterten mir die Arbeit und ermunterten mich durch kritische Einwände, Ratschläge und allerlei Hilfeleistungen. Ihnen möchte ich meinen herzlichsten Dank aussprechen.

Er gilt:

Sarah Babjonyschewa (Moskau, Boston), Dr. Marion Gräfin Dönhoff (Hamburg), Renate Grützbach (Köln), Edith Kaiser (Heidelberg), Dr. Mechthild Keller (Köln), Dr. Nina Maslowa (Leningrad), Walerija Medwinskaja (Moskau), Margarete Nötzel (Hamburg), Dr. Heddy Pross-Weerth (Michelstadt), Dr. Doris Schenk (Bonn), Lidija Tschukowskaja (Moskau), Inna Warlamowa (Moskau); Armin Ahrendt (Bad Münstereifel), Michail Arschanskij (Leningrad), Dr. Klaus Bednarz (Köln), Heinrich Böll (Köln), Alexander Chrabrowitzkij (Moskau), Otto Engelbert (Hamburg), Prof. Georgij Fjodorow (Moskau), Prof. Henry Glade (Indiana, USA), Karl Haass – Urgroßneffe von Friedrich Joseph Haass (Aachen), Dr. Anton Hamm (Bad Münstereifel), Prof. Johannes Harder (Schlüchtern), Hermann Graf Hatzfeld (Crottorf), Prof. Werner Keller (Köln), Karl-Heinz Korn (Köln), Dr. Klaus Kuntze (Moskau, Bonn), Sergej Lwow (Moskau), Dr. Sergej Maslow (Leningrad), Dr. Alois Mertes (Bonn), Prof. Heinz Müller-Dietz (Berlin), Josef Ohlert (Bad Münstereifel), Bulat Okudshawa (Moskau), Fritz Pleitgen (Moskau, Köln), Dr. Alexander Rajewskij (Moskau), Gerd Ruge (Moskau), Pfarrer Sergej Sheludkow (Pskow), Felix Swetow (Moskau).

Ganz besonders danke ich Raissa Orlowa-Kopelew. Sie hat nicht nur als erste Leserin, Kritikerin und Lektorin an so gut wie allen Seiten mitgearbeitet, sondern manche von ihnen auch mitverfaßt.

Anmerkungen

1 Der Grund für die vorzeitige Lösung des Vertrages ist nicht bekannt. Vermutlich wurde der Kontrakt hinfällig, als Haass 1807 in den Staatsdienst berufen wurde. Vgl. S. 24.

2 Soldatensöhne, Waisenknaben aus »fremdgläubigen« (islamischen, jüdischen und anderen) Gemeinden und Fürsorgezöglinge wurden als sogenannte *Kantonisten* in besonderen Einheiten zusammengefaßt und zu Soldaten ausgebildet.

3 *Liebhaber der Weisheit* nannte sich ein Moskauer Zirkel junger Philosophen und Literaten, deren Streben darauf gerichtet war, die nationalrussischen geistigen Kräfte zu entwickeln, die zugleich aber Schelling und Goethe als ihre Lehrmeister verehrten und sich unkritischer Verwestlichung widersetzten. Viele von ihnen wurden später namhafte Slawophile.

4 Diese Eidesverweigerung der Garde auf dem Senatsplatz in Petersburg ging als *Dekabristenaufstand* in die Geschichte ein (dekabr = Dezember).
Schon um 1816 hatten jüngere Adlige, vornehmlich Offiziere, begonnen, sich in Geheimbünden zusammenzuschließen mit dem Ziel, auf die Einführung einer Verfassung hinzuarbeiten. Ab 1821 profilierten sich vor allem zwei Gruppen: Der *Nordbund* unter der Leitung von Hauptmann Nikita Murawjow und dem Dichter Kondratij Rylejew und der *Südbund* mit dem Zentrum Tultschin, dessen führender Kopf Oberst Pawel Pestel war. Im Unterschied zur gemäßigt-konstitutionellen Einstellung des Nordbundes plante Pestel eine Militärrevolte, die Ermordung des Zaren und seiner Familie sowie die Ausrufung der Republik.
Dem plötzlichen Tod Alexanders I. (19. November 1825) folgte ein dreiwöchiges Interregnum: Da der Kaiser kinderlos gestorben war, galt sein Bruder Konstantin als Thronfolger. Dieser hatte, einer morganatischen Ehe wegen, zugunsten des nächstjüngeren Bruders Nikolaj auf den Thron verzichtet, der Thronverzicht war aber nicht veröffentlicht worden. Die Unklarheit über die Thronfolge beschloß der Nordbund zu nutzen. Unter dem Vorwand, sich für den »rechtmäßigen« Zaren Konstantin einzusetzen, brachte er am 14. Dezember einen Teil der Garderegimenter dazu, Nikolaj I. den Treueid zu verweigern und auf dem Senatsplatz Karree zu bilden. Nach anfänglichem Zögern und nachdem der Unterleutnant i. R. Kachowskij den Petersburger Generalgouverneur Miloradowitsch sowie den Kommandeur des Leibgrenadierregiments, Oberst Stürler, tödlich verletzt hatte, ließ der Zar das Karree der Gardisten mit Kanonensalven auseinandertreiben. Der 15 Tage später beginnende Putsch des Südbundes brach am 3. Januar 1826 zusammen.
Vor Geheimgerichte wurden 579 Personen gestellt. Die fünf »Hauptschuldigen« wurden am 13. 7. 1826 gehenkt. Es waren: Unterleutnant Michail Bestushew-Rjumin, Unterleutnant i. R. Pjotr Kachowskij, Oberstleutnant Sergej Murawjow-Apostol, Oberst Pawel Pestel und der Dichter Kondratij Rylejew. Einunddreißig Angeklagte wurden zu lebenslanger Katorga (Zwangsarbeit) in Sibirien verurteilt, neunzig zu befristeter Katorga oder Verbannung. Der Rest wurde degradiert und zum Kriegsdienst in den Kaukasus geschickt. Über tausend Soldaten mußten Spießruten laufen, über zweitausend Soldaten wurden ebenfalls in die Kriege um die Eroberung des Kaukasus geschickt. Unter

den Dekabristen befanden sich sieben Fürsten, fünf Grafen, zwei Generäle und dreiundzwanzig Oberste.

5 *Zeit der Wirren*
Nach dem Aussterben der Rjurikiden-Dynastie (1598) geriet das Moskauer Reich in eine tiefe Krise. Aufstände, Raubzüge, falsche Thronprätendenten, Bürgerkrieg mit polnischer und schwedischer Intervention brachten den Staat an den Rand des Untergangs. Erst 1612 gelang es den vereinigten Volksheeren des Fürsten Dmitrij Posharskij und des Kaufmanns Kusma Minin, die polnische Garnison aus Moskau zu vertreiben. Unter dem Zaren Michail Fjodorowitsch Romanow (1613–1645), dem Begründer der Romanow-Dynastie, konnte der Staat politisch und wirtschaftlich wieder gefestigt werden.

6 *Jemeljan Iwanowitsch Pugatschow (1740 oder 1742–1775)* war ein Donkosak, Anführer der großen Kosaken- und Bauernaufstände von 1771 bis 1774, die am Jaik begannen. Da Pugatschow sich als der 1762 seinen Mördern entkommene Zar Peter III. ausgab, hatte er gewaltigen Zulauf. Die Aufstände breiteten sich nach Westen und Osten ins Wolga- und Uralgebiet aus. Baschkirenstämme stießen zu seinen Heeren, und Bergarbeiter aus dem Uralgebirge versorgten ihn mit Waffen und Munition. Erst am 8. September 1774 konnte Pugatschow festgenommen werden. Am 10. Januar 1775 wurde er in Moskau öffentlich gevierteilt, mit vier seiner Mitstreiter. Der Fluß Jaik wurde auf Anweisung Katharinas II. in den Fluß Ural umbenannt.

7 Die unmäßige Brutalität des Kommandeurs, Oberst Schwarz, hatte das *Semjonowskij-Leibgarderegiment* dermaßen erbittert, daß es im Oktober 1820 meuterte. Alexander I. verhängte sehr harte Strafen: neun »Anführer« wurden zu Katorga verurteilt, 883 Soldaten nach Sibirien, in den Kaukasus und andere entfernte Garnisonen strafversetzt, mehrere Soldaten starben nach dem Spießrutenlaufen.

8 *Militäransiedlungen*
In Nachahmung des römischen Vorbildes der Militärkolonien wurden seit 1810 zwischen Nowgorod im Norden, Charkow und Chersson im Süden Staatsländereien in Soldatensiedlungen umfunktioniert, die dort ansässigen Bauern wurden zu »lebenslänglichen« Soldaten; sie sollten in Friedenszeiten mit ihren Familien zusammenleben und den Boden bestellen. Alle Söhne mußten wiederum Soldaten werden. Der Zar und sein Minister Araktschejew wollten auf diese Weise die Rekrutierungspflicht der übrigen Bevölkerung erleichtern. Aufstände in den Militärsiedlungen wurden grausam unterdrückt. Die Siedlungen wurden 1857 aufgelöst.

9 *Strelitzenerbe*
Die Strelitzen (zu deutsch: Schützen) bildeten im 17. Jahrhundert den Kern der ständigen Armee und die Moskauer Garnison, in Friedenszeiten beschäftigten sie sich nebenher mit Handel und Gewerbe. Oft kam es zu Meutereien, wenn sie aus Moskau fort auf entfernte Kriegsschauplätze geschickt wurden. Bei der Palastrevolution von 1682, als nach dem Tode des kinderlosen Zaren Fjodor Alexejewitsch zwei Bojarensippen um die Macht kämpften, verhalfen die Strelitzen Sofja, der Schwester des verstorbenen Zaren, zur Regentschaft für ihren kränklichen Bruder Iwan V. und ihren Halbbruder, den zehnjährigen Peter I., der 1689 die Alleinherrschaft antrat. Während Peters großer Auslandsreise meuterten die Strelitzen 1698 zugunsten Sofjas. Nach seiner beschleunigten Rückkehr veranstaltete Peter ein fürchterliches Strafgericht. Tausende von Strelitzen wurden enthauptet oder starben am Galgen. 1699 löste Peter sämtliche Strelitzenregimenter auf.

10 *Anna Iwanowna (1730–1740)*
Tochter Iwans V. und Nichte Peters des Großen. Sie mußte, vom Obersten Geheimen Rat genötigt, vor ihrem Regierungsantritt am 25. 1. 1730, »Konditionen« unterzeichnen, die dem Obersten Geheimen Rat faktisch die politische Macht zugestanden. Die Umwandlung der Selbstherrschaft in eine Adelsoligarchie ließ die Garde nicht zu, sie ermöglichte es Anna Iwanowna am 25. 2. 1730, die »Konditionen« außer Kraft zu setzen und das Selbstherrschertum der Krone wiederherzustellen.

11 *Anna Leopoldowna*
Kurz vor ihrem Tode hatte die Kaiserin Anna Iwanowna den acht Wochen alten Iwan VI. Antonowitsch (Urenkel Iwans V.) zu ihrem Nachfolger ernannt und ihren Günstling Ernst Johann Graf Biron, Herzog von Kurland, zum Regenten bestellt. Iwans VI. Mutter, Anna Leopoldowna, die selbst die Regentschaft übernehmen wollte, verständigte sich mit der Garde, die Biron verhaftete. Biron mußte zwanzig Jahre in der Verbannung leben. Die eigentliche Staatsleitung während der Regentschaft Anna Leopoldownas hatte der aus Oldenburg stammende Generalfeldmarschall Burchard Christoph Graf Minnich (Münnich). Damit unzufrieden, wandten Vertreter der Garde sich an Elisabeth Petrowna (jüngste Tochter Peters des Großen). Durch die Palastrevolution vom 25. November 1741 gelangte sie auf den Thron. Graf Minnich wurde nach Sibirien verbannt, wo er zwanzig Jahre verbleiben mußte.

12 *Elisabeth Petrowna (1741–1762)*

13 *Katharina II. (1762-1796)*
Ein halbes Jahr nach dem Regierungsantritt ihres Mannes, Peters III., hatte Katharina mit Hilfe der Garde den Thron usurpiert. Der zunächst nur abgesetzte Zar starb neun Tage später. Er wurde von seinen Bewachern, die unter dem Kommando von Alexej Graf Orlow standen, erschlagen.

14 *Paul Petrowitsch (1796–1801)*
Sohn und Nachfolger Katharinas II., sollte, vermutlich mit Wissen seiner Frau und seines Sohnes Alexander, der ihm auf dem Thron folgte, gestürzt werden, wurde von den Verschwörern mit einer Seidenschnur erwürgt.

15 *Stepan (»Stenka«) Rasin (etwa 1630–1671)*
Anführer der großen Kosakenrebellionen an Don, Wolga und Jaik von 1667 bis 1671. Am 16. 6. 1671 in Moskau enthauptet.

16 *Pestel, Rylejew, Murawjow*
Vgl. Anm. 4.

17 *Nikolaj Iwanowitsch Nowikow (1744–1818)*
Aufklärer, Freimaurer, gesellschaftskritischer Publizist und Verleger. Er wurde 1792 verhaftet, zum Tode verurteilt und dann von Katharina II. zu fünfzehn Jahren Kerker begnadigt. 1796 von Paul I. freigelassen.
Alexander Nikolajewitsch Radischtschew (1749–1802)
Er beschrieb in seinem Buch ›Reise von Petersburg nach Moskau‹ schonungslos realistisch das Leben der leibeigenen Bauern, wurde deswegen 1790 zum Tode verurteilt. Katharina II. milderte das Urteil auf zehn Jahre sibirischer Verbannung. 1797 von Paul I. unter Polizeiaufsicht auf einem der väterlichen Güter gestellt, 1801 von Alexander I. begnadigt und in den Staatsdienst übernommen. Nach erneuter Drohung mit der Verbannung Selbstmord durch Gift.

18 *Michail Michajlowitsch Speranskij (1772–1839)*
Arbeitete im Auftrag Alexanders I. an einem Verfassungsentwurf, 1807 Staatssekretär, 1808 Gehilfe des Justizministers. Fiel 1812 in Ungnade, wurde nach Nishnij-Nowgorod (heute Gorkij), dann nach Perm am Ural verbannt. Wurde

jedoch schon 1816 Gouverneur von Pensa, 1819 Generalgouverneur von Sibirien. Ab 1821 in hohen Stellungen in St. Petersburg. Im Todesjahr 1839 zum Grafen erhoben. Unter Nikolaj I. arbeitete Speranskij an der Kodifizierung der russischen Gesetze.

19 *Narwa und Poltawa*
Am 19. 11. 1700 hatten die Russen bei Narwa eine schwere Niederlage durch Karl XII. von Schweden erlitten. Am 27. 6. 1709 beendete der russische Sieg bei Poltawa Schwedens Großmachtstellung.

20 *Fjodor Wassiljewitsch Graf Rostoptschin (1763–1826)*
Der 1799 zum Grafen erhobene Außenminister war Militärgouverneur von Moskau, als Napoleon 1812 in die Stadt einzog, die alsbald in Flammen aufging.

21 *Nikolaj I.* regierte von 1825–1855.

22 *Alexej Andrejewitsch Graf Araktschejew (1769–1834)*
1808–1815 Kriegsminister, 1815–1825 allmächtiger Günstling des Zaren Alexander I.

23 *Alexander Sergejewitsch Gribojedow (1796–1829)*
Dichter. Schrieb die berühmte Komödie ›Verstand schafft Leiden‹. Als Diplomat nahm er an Friedensverhandlungen mit Persien teil, wurde als Botschafter in Teheran am 11. 2. 1829 von islamischen Fanatikern ermordet.

24 *Alexej Petrowitsch Jermolow (1772–1861)*
Feldherr. Seit 1816 Oberkommandierender im Kaukasus und Botschafter in Persien. Sympathisierte mit den Dekabristen, wurde 1827 von Nikolaj I. in den Ruhestand geschickt.

25 Die fünf Hauptschuldigen am Dekabristenaufstand (vgl. Anm. 4) waren zum Tode durch Vierteilen verurteilt worden. Der Zar begnadigte sie zum Tode durch Erhängen mit nichtöffentlicher Vollstreckung im Hof der Peter-Pauls-Festung.

26 Die Eroberungspolitik im *Kaukasus* und im *Transkaukasus* hatte schon unter Katharina II. und Paul I. begonnen, war während der Napoleonischen Kriege zum Stillstand gekommen und 1816 verstärkt wieder aufgenommen worden. Der Widerstand der Bergvölker war hartnäckig und fanatisch. Erst 1864 konnte der Kaukasus »befriedet« werden.

27 *Napoleonka und Josephinka*
Die Diminutivendung *-nka* hat im Russischen keine zärtliche, sondern eine abschätzige Bedeutung. Mit Josephinka ist Josephine Beauharnais, 1796 bis 1809 Gattin Napoleons, gemeint (1804–1809 Kaiserin der Franzosen).

28 *Heiliger Synod*
1718 hatte Peter der Große das russische Patriarchat abgeschafft und die Leitung aller kirchlichen Angelegenheiten 1721 einem geistlichen Kollegium übertragen, dem er die Bezeichnung »Heiliger Synod« gab.

29 *Raskol = Spaltung, Schisma*
Von 1653 an hatte der russische Patriarch Nikon eine Reform der Gottesdienstordnung, der Liturgie, der Sakramente, der Riten und einiger kanonischer Texte durchgesetzt, die vor allem im städtischen Mittelstand und in manchen ländlichen Bezirken erbittertem Widerstand begegnete und zu einer Kirchenspaltung führte. Die sich der offiziellen Kirche Widersetzenden wurden Raskolniki (Spalter) genannt (selber nannten sie sich Altgläubige) und verfolgt. Viele flohen bis tief nach Sibirien.

30 *Innere Wache*
Mit Wachdienst beauftragte Truppen: Bewachung von Gefängnissen und

Zuchthäusern, von Sträflingstransporten, militärischen Transporten und militärischen Anlagen.

31 *Gattschina-Schule*
Zar Paul (1796–1801) hatte eine außerordentliche Vorliebe für alles Militärische. Als Thronfolger von seiner Mutter Katharina von allen Staatsgeschäften ferngehalten, hatte er auf seinem Besitz Gattschina in der Nähe von Petersburg eine eigene zweitausendfünfhundert Mann starke Truppe ausgebildet, die er nach preußischem Modell drillte.

32 *Kantonisten* vgl. Anm. 2.

33 *Wassilij Andrejewitsch Shukowskij (1783–1852)*
Bedeutender Dichter der russischen Romantik, Lehrer und Förderer vieler russischer Schriftsteller, Freund Puschkins. Lebte nach 1841 im Ausland, starb in Baden-Baden.

34 *Nikolaj Michajlowitsch Karamsin (1766–1826)*
Schriftsteller (Autor der sentimentalen Erzählung ›Die arme Lisa‹, die der »russische weibliche Werther« genannt wurde) und Historiker. Zum offiziellen Historiographen berufen, arbeitete er an einer vielbändigen ›Geschichte des russischen Staates‹.

35 *Alexander Sergejewitsch Puschkin (1799–1837)*
Rußlands größter Dichter (Lyriker, Dramatiker, Epiker, Historiker). Wiederholt wurde er von Behörden und Hofschranzen verdächtigt und von der offiziösen Presse verleumdet. Hetzkampagnen und Intrigen provozierten ihn am 8. 2. 1837 zu einem Duell. Er erlitt eine schwere Verwundung und starb zwei Tage später.

36 *Liebhaber der Weisheit* Vgl. Anm. 3

37 *Rückeroberung Warschaus*
1830–31 kämpften die Polen verzweifelt um die Befreiung vom russischen Zarenreich. Sie wurden von der militärischen Übermacht am 8. 9. 1831 zur Kapitulation gezwungen. Der Einmarsch der zaristischen Truppen in Warschau bedeutete das Ende des Aufstands bzw. des Volkskrieges.

38 *Das dritte Rom*
Etwa um 1510 prägte der Mönch Filofej in Pskow die Formulierung »Denn zwei Rome sind gefallen, aber das dritte steht, und ein viertes wird es nicht geben.« Sie wurde zur Devise der globalen Ansprüche extrem-chauvinistischer und fanatischer Verfechter des großrussischen Reichs.

39 *Pjotr Jakowlewitsch Tschaadajew (1794–1856)*
Er veröffentlichte 1836 den ersten seiner ›Philosophischen Briefe‹, der als rigorose Anklage gegen Rußlands Staatssystem wirkte. Der Zar ließ Tschaadajew für geisteskrank erklären, verhängte Hausarrest über ihn und ließ ihn unter ärztliche Aufsicht stellen. Ein Jahr später wurde er für geheilt erklärt, erhielt aber auf Lebenszeit Publikationsverbot.

40 *Michail Jurjewitsch Lermontow (1814–1841)*
Nächst Puschkin der größte russische Dichter. Wegen seines Gedichtes auf Puschkins Tod wurde er in den Kaukasus strafversetzt. (Er war Husaren-Offizier in Petersburg.) Dort fiel er im Duell.

41 *Nikolaj Platonowitsch Ogarjow (1813–1877)*
Dichter und Schriftsteller, enger Freund und Mitarbeiter von Alexander Herzen. Lebte seit 1856 in England und der Schweiz.

42 *Alexander Iwanowitsch Herzen (1812–1870)*
Schriftsteller, Philosoph und Publizist. Als Student 1834 verhaftet und dann auf mehrere Jahre verbannt, verließ 1847 Rußland, lebte seitdem in Westeuro-

pa und beteiligte sich aktiv an der europäischen demokratischen Bewegung. Der von ihm gemeinsam mit Ogarjow in London edierte Almanach ›Polarstern‹ (1855–1862) sowie ihre Zeitschrift ›Die Glocke‹ (1857–1867) waren die ersten Organe einer freien russischen Presse, vertraten demokratische und liberal-sozialistische Ideen und hatten großen Einfluß auf die russische und westeuropäische Intelligenz.

43 *Fouriers Rezept*
Charles Fourier (1772–1837), der französische Utopist, hat genaue Pläne einer idealen sozialistischen Gesellschaft entworfen, in denen die Struktur der Siedlungen sogenannter »Phalanstères« genau ausgearbeitet war.

44 *Franz von Sales (François de Sales) (1567–1622)*
Französischer Theologe und Schriftsteller.

45 *Friedrich Wilhelm Joseph von Schelling (1775–1854)*
Einer der einflußreichsten Philosophen des 19. Jahrhunderts. 1790 trat er in das Tübinger Stift ein; dort Freundschaft mit Hegel und Hölderlin. 1798 wurde Schelling durch Vermittlung von Goethe, Fichte und Schiller Professor in Jena. 1803 Professur in Würzburg, im gleichen Jahr Heirat mit Karoline Schlegel. 1820–1826 Vorlesungen in Erlangen; 1827 Professur in München, ab 1841 in Berlin.
Schellings Natur-, Geschichts- und Moralphilosophie beeinflußte vor allem die romantischen Dichter und Denker in Deutschland, Rußland, Frankreich und anderen Ländern.

46 *Timofej Nikolajewitsch Granowskij (1813–1855)*
Liberaler Historiker. Ab 1839 Professor. Seine Geschichtsvorlesungen an der Moskauer Universität fanden großen Zulauf. Er galt als einer der maßgeblichen »Westler«.

47 *Wissarion Grigorjewitsch Belinskij (1811–1848)*
Literatur- und Sozialkritiker, der stärksten Einfluß auf das literarische und geistige Leben seiner Zeit ausübte. Er begann als romantischer Idealist, entwickelte sich zum Materialisten und utopischen Sozialisten.

48 *Igorlied* und *Sadonschtschina*
sind die beiden schönsten altrussischen Heldenlieder. Das Igorlied ist einem tragisch ausgehenden Feldzug des Fürsten Igor Swjatoslawowitsch von Nowgorod-Sewersk gegen das Nomadenvolk der Polowzer (1185) gewidmet. Die Sadonschtschina schildert den ersten russischen Sieg über die Tataren unter Dmitrij Donskoj (1380).

49 *Kirejewskij, Chomjakow, Axakow*
Die führenden Geister der Slawophilen: Iwan Wassiljewitsch *Kirejewskij* (1806–1856), Literaturhistoriker, Publizist und Philosoph. Alexej Stepanowitsch *Chomjakow* (1804–1860), Lyriker, Publizist und Religionsphilosoph. Die Brüder Konstantin Sergejewitsch *Axakow* (1817–1860) und Iwan Sergejewitsch *Axakow* (1823–1886), Schriftsteller und Publizisten.

50 *Stepan Petrowitsch Schewyrjow (1808–1864)*
Literaturwissenschaftler, Kritiker und Publizist, ebenfalls ein Slawophiler. Er übersetzte 1828 die Helenaszenen aus ›Faust II‹ ins Russische und schrieb einen Aufsatz über ›Faust‹, den Goethe freundlich lobte.

51 *Alexander Herzen:* Erinnerungen, Band 1, S. 138ff., Berlin 1907.

52 *Antioch Dmitrijewitsch Kantemir (1708–1744)*
Sohn des Fürsten von Moldau, geboren in Konstantinopel. Russischer Dichter, Satiriker. 1732–1744 Botschafter in England und Frankreich. Gestorben in Paris.

Iwan Iwanowitsch Chemnizer (1745–1784). Sohn eines sächsischen Militärarztes. Russischer Fabeldichter.

Anton Antonowitsch Baron Delwig (1798–1831). Dichter, Puschkins Schulkamerad.

Wilhelm Karlowitsch Küchelbecker (1797–1846). Sohn eines russifizierten deutschen Adligen. Puschkins und Baron Delwigs Schulkamerad. Schriftsteller. Dekabrist. Zu Zuchthaus (Katorga) und späterer Verbannung verurteilt. Starb in Sibirien.

53 *Wladimir Iwanowitsch Dahl (1801–1872)*
Ethnologe und Naturforscher, Linguist, Schriftsteller. (Pseudonym Kasak Luganskij). Sein Lebenswerk, ›Deutungswörterbuch der lebendigen großrussischen Sprache‹, ist bis heute von wissenschaftlicher Bedeutung (Neuauflage: Moskau 1980).

54 *Alexander Graf Benckendorff (1783–1844)*
Chef der Gendarmerie und der *Dritten Abteilung* (Geheimpolizei).

55 *Faddej Wenediktowitsch Bulgarin (1789–1859)*
Russifizierter polnischer Offizier, reaktionärer Journalist, Polizeispitzel. Schrieb Romane, die zu Bestsellern wurden. Beteiligte sich aktiv an der Hetze gegen Puschkin.

56 *Eroberung des Kaukasus* vgl. Anm. 26.

57 *Taras Grigorjewitsch Schewtschenko (1814–1861)*
Der größte ukrainische Dichter, Maler, Philosoph. War als Jugendlicher selbst noch Leibeigener. Wurde wegen Teilnahme an einem Freundesbund ukrainischer Patrioten 1847 verhaftet und mußte als gemeiner Soldat in der Wüste östlich vom Kaspischen Meer dienen. Hatte Schreib- und Malverbot. Kam erst 1857 aus der Verbannung zurück.

Alexander Iwanowitsch Poleshajew (1804 oder 1805–1838)
Lyriker. Lieder-Autor. Sohn eines Gutsbesitzers und einer Leibeigenen. Wegen eines satirischen Poems auf Befehl Nikolajs I. als Gemeiner in die Armee gesteckt.

58 *Wassilij Makarowitsch Schukschin (1929–1974)*
Schriftsteller, Regisseur und Filmschauspieler.

Literatur über Friedrich Joseph Haass (Auswahl)

Koni, Anatolij F.: Doktor Friedrich Haass. Lebensskizze eines deutschen Philanthropen in Rußland. In: Zur Geschichte des russischen Gefängniswesens im 19. Jahrhundert. Auf Veranlassung von Graf Gregor Stroganoff aus dem Russischen ins Deutsche übersetzt. Leipzig 1899.

Nötzel, Karl: Dr. Friedrich Haass. Der Reformator des russischen Gefängniswesens. Leipzig 1912.

Ders.: Menschen der Liebe. Wernigerode/Harz 1928.

Harder, Hans: Der deutsche Doktor von Moskau. Der Lebensroman des Dr. Friedrich Joseph Haass. 4. Aufl. Stuttgart 1942.

Passon-Darge, Margarete: Friedrich Joseph Haass. Bildnis eines Christen. Rothenburg o. d. Tauber 1951.

Müller-Dietz, Heinz: Friedrich Joseph Haass als Arzt in Moskau. Biographische Skizzen. (Jahresbeilage zum Med. Literaturdienst 1980.) Berlin 1980.

Ders.: Friedrich Joseph Haass, ein deutscher Arzt in Moskau. In: Clio Medica, Vol. 15. Nr. 3/4. Amsterdam 1981, S. 177–189.

Hamm, Anton: Ein deutscher Arzt als »Heiliger« in Moskau. Berlin, Bonn 1983.

Steinberg, Rolf: Friedrich Joseph Haass und der russische Strafvollzug im 19. Jahrhundert. Frankfurt am Main, Bern, New York, Nancy 1984.

Marion Gräfin Dönhoff im dtv

Namen die keiner mehr nennt
Ostpreußen –
Menschen und Geschichte

»Dieses Buch unterscheidet sich höchst wohltuend von vielen sentimentalen Traktaten über die verlorenen Ostgebiete ... Natürlich spürt man, daß die Gräfin Dönhoff mit allen Fasern ihres Herzens an dem Land hängt, in das ihre Vorfahren vor 700 Jahren gekommen waren ... Aber sie weiß auch, daß diese 700 Jahre deutscher Kultur in Ostpreußen unwiederbringlich verloren sind – verloren durch deutsche Schuld.« (Nordd. Rundfunk)
dtv 247

Weit ist der Weg nach Osten
Berichte und Betrachtungen aus fünf Jahrzehnten

Von der Ära Stalins bis zu der Gorbatschows, von der starren Unbeweglichkeit des sowjetischen Systems bis zu »Glasnost« und »Perestrojka« hat Gräfin Dönhoff die Beziehungen der Bundesrepublik zur UdSSR und ihren Satellitenstaaten mit ihren Kommentaren begleitet. Sie hat, aus der Beobachter-Position heraus, Veränderungen wahrgenommen, die eine Reaktion des Westens, eine Neueinstellung seiner Politik möglich gemacht hätten: Stalins Tod etwa oder die Ereignisse in Ungarn, Jugoslawien, Polen, der Führungswechsel in Ost-Berlin und nicht zuletzt der in Moskau selbst. dtv 10971

Der südafrikanische Teufelskreis
Reportagen und Analysen aus drei Jahrzehnten

Gibt es einen Ausweg aus dem Teufelskreis, in den Südafrika geraten ist? Oder kommt es am Kap der einst guten Hoffnung unvermeidlich zu einer Katastrophe? Marion Gräfin Dönhoff versucht in Reportagen und Analysen von 1960 bis heute eine Antwort auf diese Fragen zu geben. Sie charakterisiert die gegenwärtige Situation in Südafrika, setzt jedoch auch heute noch auf vernünftige Einsicht auf beiden Seiten.
dtv 11110

Carl Friedrich von Weizsäcker im dtv

Foto: Isolde Ohlbaum

Wege in der Gefahr
Eine Studie über Wirtschaft, Gesellschaft und Kriegsverhütung

Dieses Buch »ist geeignet, den Blick für die politischen Realitäten im Atomzeitalter zu schärfen, die sonst gelegentlich an Konturen verlieren . . . Für Weizsäcker, wie für viele Kulturkritiker der Gegenwart, ist das bloße wissenschaftliche Denken ohnmächtig. Das Ziel eines Bewußtseinswandels ist eine ›von Liebe ermöglichte Vernunft‹.« (Wehrwissenschaftliche Rundschau)
dtv 1452

Deutlichkeit
Beiträge zu politischen und religiösen Gegenwartsfragen

Was heißt Verteidigung der Freiheit gegen Terrorismus und Repression? Hat das parlamentarische System eine Zukunft? Welche Chancen und Risiken birgt die friedliche Nutzung der Kernenergie? Gehen wir einer asketischen Weltkultur entgegen? Wie läßt sich die Frage nach Gott mit dem naturwissenschaftlichen Denken vereinen? – Vielfältige Fragen, die Weizsäcker klar zu beantworten versucht.
dtv 1687

Die Einheit der Natur

In diesen Studien aus den Jahren 1959 bis 1970 behandelt Carl Friedrich von Weizsäcker, Professor sowohl der Philosophie als auch der Physik, die für die moderne Wissenschaft grundlegende Frage nach der Einheit der Natur.
dtv 10012

Wahrnehmung der Neuzeit

Die Wahrnehmung der Neuzeit und ihrer Krise ist Weizsäckers Hauptanliegen in diesem Band mit Aufsätzen und Vorträgen von 1945 bis heute: »Das Ziel ist, die Neuzeit sehen zu lernen, um womöglich besser in ihr handeln zu können.«
dtv 10498

Die Zeit drängt
Das Ende der Geduld
Aufruf und Diskussion

Weizsäckers Aufruf zu einer »Weltversammlung der Christen für Gerechtigkeit, Frieden und die Bewahrung der Schöpfung«, die Reaktionen auf diesen Aufruf und Weizsäckers Antworten darauf.
dtv 11109

Jean Améry im dtv

Jenseits von Schuld und Sühne
Bewältigungsversuche eines Überwältigten

»Übrigens geht es mir in diesem Augenblick so wenig wie ehedem um das Dritte Reich. Was mich beschäftigt und wovon ich zu reden qualifiziert bin, das sind die Opfer dieses Reiches. Kein Denkmal will ich ihnen setzen, denn Opfer sein allein ist noch nicht Ehre. Nur ihre Kondition wollte ich beschreiben, die ist unveränderbar.« dtv 10923

Unmeisterliche Wanderjahre

Den »Versuch einer Selbstbefragung« nannte Jean Améry diesen Aufsatzzyklus, der aus der Perspektive des jüdischen Schriftstellers vierzig Jahre europäischer Geistesgeschichte resümiert und, zusammen mit seinen früheren Schriften gesehen, eine Art »essayistisch-autobiographischen Roman« ergibt. Unbestechlich im Urteil und voll aphoristischer Schärfe fragt Améry nach den geistigen Bedingungen des Menschseins in unserer Zeit. Ein nach wie vor aktueller Beitrag zur gegenwärtigen Diskussion über das Phänomen »Zeitgeist«. dtv 11162

Widersprüche

Dieser Band vereinigt Aufsätze aus den Jahren 1967 bis 1971, in denen Jean Améry Stellung nimmt zu philosophischen Fragen, zu politischen und gesellschaftspolitischen Ereignissen sowie zum Judentum. »Ein solcher Autor läßt sich nicht festlegen, er hat die Widersprüche des Zeitgeistes akzeptiert, er hat sie wieder und wieder reflektiert, und es fehlt ihm die Arroganz, uns mitzuteilen, er habe sie bewältigt.« (Ivo Frenzel in der ›Süddeutschen Zeitung‹) dtv 11322

Über das Altern
Revolte und Resignation

Améry läßt sich nicht ein auf Harmonisierung oder Verklärung. Er beschreibt das Altern als einen fortschreitenden Prozeß der Entfremdung von den Zeitgenossen, von der Welt und von sich selbst. Was bleibt, ist Revolte und Resignation, Kampf also, trotz der Einsicht, das man unterliegen wird. »Ein einzelner hat hier für einzelne geschrieben, die dazu bereit sind, in letzten Sachen bis ans Ende zu denken.« (H. Krüger in ›Die Zeit‹) dtv 11470